VIE DE M. ORAIN.

VIE
DE M. ORAIN

Prêtre, Confesseur de la foi pendant la Révolution.
et mort Curé de Derval,

DANS LE DIOCÈSE DE NANTES,

Par M. l'Abbé CAHOUR;

Chanoine honoraire, Aumônier du Lycée de Nantes,
Membre de la Société française d'Archéologie
et de la Société Archéologique de la Loire - Inférieure.

Bonum certamen certavi, cursum consummavi, fidem servavi. In reliquo reposita est mihi corona justitiæ. (II. *Tim.*, ch. IV, v. 7, 8.)

NANTES

CHEZ MAZEAU, LIBRAIRE, VIS-A-VIS L'ÉVÊCHÉ.

—

1860.

A MONSEIGNEUR JAQUEMET

ÉVÊQUE DE NANTES.

***

MONSEIGNEUR,

En 1856, je publiai, pour la première fois, les Mémoires de M. Orain.

Ils furent accueillis avec faveur, et reproduits par plusieurs journaux de la Capitale et de la Province.

Votre Grandeur a daigné, depuis, m'encourager à publier la vie même du Serviteur de Dieu.

C'est ce travail, Monseigneur, que je viens déposer en vos mains.

M. Orain fut véritablement un saint prêtre. Confesseur de la foi à Fégréac, pendant les dix années de la Révolution, il en devint ensuite le restaurateur à Derval, où il exerça le saint Ministère pendant vingt-sept années et où il a laissé d'impérissables souvenirs.

En favorisant la publication de sa vie, Monseigneur, ce n'est pas seulement un hommage que Votre Grandeur a voulu rendre à sa mémoire ; c'est encore un encouragement qu'elle a voulu donner à ces vertus vraiment sacerdotales dont la tradition se perpétue fidèlement dans les rangs du Clergé de Nantes, et, en particulier, parmi ces prêtres dévoués, qui se consument au salut des âmes dans les campagnes, et qui trouvent en M. Orain un parfait modèle.

Enfin, Monseigneur, vous avez pensé qu'en mettant cette vie en lumière, nos populations chrétiennes comprendront mieux encore de quelles sollicitudes elles sont l'objet, de la part des pasteurs que Dieu leur envoie, et combien il importe qu'elles leur demeurent étroitement unies.

C'est, en effet, grâce à cet attachement affectueux et docile, que Fégréac a dû de conserver sa foi au milieu des horreurs de la Révolution, et que Derval a pu sauver la sienne, même après les profondes atteintes qu'elle avait reçues.

Il est peu de paroisses de votre Diocèse, Monseigneur, qui ne puissent, à des degrés divers, retrouver dans ces récits leur propre histoire, et y puiser, avec de précieux souvenirs, d'utiles enseignements.

En lisant la vie de M. Orain, tous, prêtres et fidèles, se convaincront de plus en plus que la Religion seule possède le secret de leur sécurité, de leur paix et de leur bonheur véritables, et ils se montreront prêts à tous les sacrifices pour conserver ces biens inestimables.

Daignez agréer, Monseigneur, l'expression du profond respect avec lequel j'ai l'honneur d'être,

De Votre Grandeur,

Le très-humble et très-obéissant serviteur,

A. CAHOUR.

PRÉFACE.

―

Il n'est personne qui n'ait pu lire ou entendre
raconter l'histoire de ce prêtre qui, pendant la
Révolution, fuyant des soldats acharnés à sa
poursuite, et voyant l'un d'eux sur le point de périr dans des eaux profondes, vola à son secours et lui sauva la vie.

Ce prêtre est M. Orain ; et ce trait est un échan-
tillon de mille autres, qui remplirent sa longue
et héroïque carrière.

Doué d'une foi antique, d'une vertu à toute
épreuve et d'une énergie vraiment bretonne,
M. Orain, alors que tout croule autour de lui,
devant l'ouragan révolutionnaire, prend la résolution de rester fidèle à son poste et dévoué à son
troupeau.

En vain les décrets de proscription retentissent-ils à ses oreilles ; en vain entend-il dans le voisinage, au sein de la grande cité de Nantes, les gémissements de ses confrères dans le sacerdoce, qui encombrent les cachots et périssent victimes d'affreux supplices ; en vain est-il traqué, lui-même, comme une bête fauve, par des soldats envoyés à sa recherche de toutes les villes environnantes, la pensée de fuir ne se présente même pas à son esprit. Il demeure inébranlable dans son dessein et, plein de confiance en Dieu, il continue d'instruire, de conférer les Sacrements, d'accomplir les cérémonies du culte, publiquement, quand il croit à quelque sécurité ; dans des chapelles isolées, sous des granges, au fond des bois, quand la tempête se déchaîne.

Surpris au milieu de ses augustes fonctions, il les interrompt et fuit ; le péril passé, il revient et les achève. Errant d'un lieu à un autre, ce n'est point à sa seule paroisse qu'il prodigue ses soins, mais à toute la contrée qui l'entoure, et sur tous les points de laquelle il paraît comme un ange consolateur. La chaumière n'a pas seule le privilége d'attirer ses pas bénis, les villes et la demeure même de ses persécuteurs ne sont pas à l'abri de son saint zèle. Ses persécuteurs... ne venons-nous pas de dire qu'il leur tend la main et leur sauve la vie, au moment même où ils se disposent à lui donner la mort ?

Et quand il a fait toutes ces choses, il lui semble n'avoir accompli qu'un simple devoir. Quand il les raconte, on reconnaît, à la simplicité naïve de son langage, qu'il est le seul à n'en point apercevoir l'héroïsme et le mérite.

Au sortir de la Révolution, nous voyons M. Orain paraître sur un nouveau théâtre. C'est une terre désolée par l'impiété, la Foi y est en quelque sorte éteinte et ensevelie sous des ruines. M. Orain ne se décourage pas : il s'en va, nuit et jour, cherchant sous ces décombres les parcelles du feu sacré qui brûlent encore. Il les rapproche et les ranime du souffle de sa charité, et, grâce à l'infatigable persévérance de ses efforts, il aura la consolation, avant de rendre le dernier soupir, de voir ce feu céleste rallumé dans tous les cœurs, et jeter un éclat aussi vif qu'aux plus beaux jours.

Nous serions injuste si nous ne disions, dès maintenant, que toutes ces merveilles ne s'opérèrent pas sans le concours que les fidèles prêtèrent à leur dévoué pasteur. C'est grâce à eux, aussi

bien qu'à lui, que leur foi fut conservée ou raffer-
mie et, qu'aujourd'hui, ils peuvent la transmettre
à leurs enfants pure et intacte, comme ils l'ont
eux mêmes reçue de leurs ancêtres. Raconter la
vie de M. Orain et faire son éloge, c'est donc dire
aussi la fidélité à Dieu de ces religieuses populations et consacrer leur gloire.

Tel est, en abrégé, le tableau qu'offrira la vie
du vénérable curé de Derval.

Les documents sur lesquels nous l'avons écrite,
sont :

1° Les Mémoires mêmes de M. Orain, que nous
citons intégralement ;

2° Ses autres manuscrits, que nous avons retrouvés en grand nombre ;

3° Une enquête sérieuse, faite à Fégréac, et
dans laquelle ont été entendus plus de quarante vieillards, ayant tous parfaitement connu
M. Orain, et parmi lesquels se trouve une de ses
nièces, pieuse et respectable femme, qui a vécu
vingt-cinq ans avec lui, et a reçu son dernier
soupir ;

4° Douze notices sur le ministère du vertueux
curé de Derval, et fournies par autant de prêtres

encore vivants , et ayant tous été ses élèves ou ses vicaires ;

5° Les renseignements que nous avons recueillis nous-même, sur les lieux , dans quatre voyages que nous avons faits à ce dessein , tant à Fégréac qu'à Derval.

On verra par la simplicité de nos récits, la sobriété de nos réflexions, et le nombre considérable de nos citations , que nous avons voulu faire , avant tout, une œuvre consciencieuse. Rassembler tous les documents et les compléter les uns par les autres ; étudier, juger et, au besoin, rectifier les faits , tel est le travail de l'histoire. Nos lecteurs ne s'étonneront donc pas si nous racontons quelques circonstances autrement que ne le font aujourd'hui les récits populaires. L'époque de M. Orain commence à s'éloigner de nous , et, en passant de bouche en bouche , ses actes ont pu s'altérer en quelques points.

Nous n'avons d'ailleurs d'autre but , en les publiant, que de sauver de l'oubli la mémoire d'un homme véritablement vertueux, d'honorer le sacerdoce auquel il appartenait, d'édifier les fidèles et de profiter d'une des plus belles leçons que nous ayons retirées de ce travail, en faisant remonter toute gloire à Dieu, à qui seul elle est due.

Nous diviserons cette vie en sept chapitres :

Le premier contiendra ce que nous avons pu apprendre de l'enfance et de la jeunesse de M. Orain, et de ses débuts dans le saint Ministère, jusqu'à la Révolution.

Le second commencera le récit de sa vie pendant la persécution, et rapportera les poursuites dont il fut plus personnellement l'objet.

Le troisième continuera le même sujet, et parlera des auxiliaires du courageux confesseur.

Le quatrième dira comment il exerçait le culte et administrait les sacrements, dans ces temps malheureux ; et quels nouveaux périls, lui et ses paroissiens coururent à cette occasion.

Le cinquième racontera le ministère de M. Orain à Derval, et nous montrera le saint prêtre au milieu de ses fonctions sacerdotales.

Le sixième achèvera son histoire et parlera plus spécialement de ses courses évangéliques.

Le septième sera consacré à retracer son portrait, son caractère et ses vertus.

VIE DE M. ORAIN.

CHAPITRE Ier.

Famille, naissance, premières années de M. Orain. — Son
séjour à Malville, chez son oncle. — Ses études à Nantes.
— Il est promu au sacerdoce. — Il est nommé vicaire
à Paimbœuf, puis à Fégréac. — Débuts de la persécution
révolutionnaire. — Sage conduite de M. Orain dans ces
circonstances. — Il refuse le serment à la *Constitution
civile du clergé*, et prend la résolution de ne point abandonner sa paroisse.

GRÉGOIRE ORAIN naquit le 13 mars 1756,
au village de la Boclais, en Fégréac,
paroisse du diocèse de Nantes. Son père,
Jacques Orain, et sa mère, Julienne Mesnager, étaient d'honnêtes laboureurs, vivant
d'un petit patrimoine qu'ils cultivaient de
leurs mains, et à la modicité duquel ils
suppléaient par une vie frugale et une intelli-
gente économie. Leur foi, leur piété,
l'innocence de leurs mœurs, biens plus

précieux encore et héréditaires dans leur famille, les recommandaient également aux yeux de Dieu et des hommes. Jacques Orain savait lire et écrire, chose remarquable pour ce temps et dans ces campagnes. Il profitait de ce talent pour instruire lui-même ses enfants, et, le soir, à la veillée, leur apprendre le catéchisme. Sa femme le secondait dans ces soins religieux, en récitant la prière et le saint rosaire. Nous remarquons ces faits, parce qu'il n'est pas douteux que ce fut à cette école du foyer domestique, que M. Orain puisa cette piété tendre qui le distingua toute sa vie, et qu'il prit l'habitude de la dévotion du chapelet, dont nous le verrons, plus tard, faire un si fréquent usage, et à laquelle il doit en partie le succès de son ministère.

Dieu avait béni l'union des époux Orain : ils eurent douze enfants, six garçons et six filles. Grégoire fut le septième dans l'ordre des naissances. Ses parents ne songèrent pas d'abord à lui faire faire des études; ils n'auraient pu d'ailleurs en supporter les frais. C'est pourquoi, dès qu'il fût en état de rendre quelques petits services, ils l'envoyèrent avec ses frères garder les troupeaux sur les landes. Mais Dieu avait sur lui d'autres desseins, et il sut dispo-

ser toutes choses de manière à les accomplir.

- Le recteur de la paroisse de Malville, près
de Savenay, était oncle maternel de l'enfant, et il avait avec lui une sœur qui tenait
son ménage. La sœur dit un jour : — « Mon
frère, vous avez besoin d'un répondant de
messe ; notre sœur de Fégréac est chargée
d'enfants, si vous en faisiez venir un ici,
vous la soulageriez, et qui sait si Dieu ne
bénirait pas l'enfant lui-même ? — Vous
avez raison, ma sœur, reprit le recteur ; » et
à quelque temps de là, il se présentait à la
Boclais et exposait à la famille Orain l'objet
de son voyage. Grande fut l'émotion pro-
duite par cette visite, car dans ces familles
patriarcales le nombre des enfants n'était
point un embarras qui fît taire la voix
du cœur. La mère eut volontiers gardé
tous ses enfants près d'elle ; mais le père
était plus sage. « Il ne faut pas, dit-il,
refuser le bien que Dieu envoie. L'enfant
retrouvera dans son oncle un père et dans
sa tante une mère ; et puis, si un jour Dieu
veut en faire un prêtre, sa bénédiction des-
cendra par lui sur nous. C'est pourquoi,
ajouta-t-il, en s'adressant à M. le recteur,
choisissez. » Celui-ci s'assit, rangea les six
garçons devant lui et leur fit subir un long

examen, afin de s'assurer de leurs dispositions et de leurs capacités. Son choix
tomba sur Grégoire et sur l'un de ses frères
aînés, mais comme celui-ci était affligé
d'une infirmité, le sort resta fixé sur le premier. Il était alors dans sa septième année.
Ainsi se fit l'élection de cet enfant, qui rappelle celle du jeune roi David dans la maison
d'Isaï, son père. On peut dire de l'un comme
de l'autre, qu'ils furent choisis par Dieu
même au milieu de leurs frères, et élevés
de la garde des troupeaux à la dignité de
pasteurs des peuples.

Un incident néanmoins parut contrarier
un instant ce dessein de la Providence.
L'enfant, doué d'un excellent cœur, n'avait
pu quitter ses parents sans de vifs regrets ;
ils s'aggravèrent encore après son arrivée à
Malville, si bien que, n'y tenant plus, il
quitta furtivement le presbytère et reprit,
seul, le chemin de Fégréac, pensant y arriver aisément. Mais il ne tarda pas à s'éga-
rer, et ne sachant plus de quel côté diriger
ses pas, il entra dans la cour d'une maison
de belle apparence, où des chiens qui
faisaient la garde, se précipitèrent sur lui et
le poursuivirent de telle sorte que, saisi de
frayeur, il ne pensa plus qu'à retrouver le
chemin de Malville, *d'où*, dit-il, *il ne lui*

prit plus envie de s'en aller. Ce fait est raconté dans une lettre qu'il écrivit, plus de trente ans après, à l'une de ses nièces, novice au couvent de Saint-Laurent-sur-Sèvre, et dont la vocation était chancelante. « C'est ainsi, concluait-il, que l'en-
» fance ne pense qu'au plaisir du présent, et,
» souvent, s'oppose aux desseins de Dieu.
» Il ne faut pas écouter la nature ; il faut
» appeler la raison et, plus encore, la
» religion à son secours, et penser inces-
» samment à ce que l'on doit faire pour ne
» pas aller contre la volonté divine, mais
» plutôt la suivre en tout. » C'est sans doute aussi la conclusion qu'il adopta pour lui-même, car on ne voit pas qu'il ait jamais hésité depuis dans la voie que Dieu lui avait ouverte, et il serait difficile de trouver un homme qui se soit abandonné plus entièrement que lui à la conduite et aux soins de la Providence.

Nous devons regretter que les documents relatifs au séjour de M. Orain à Malville, nous fassent presque complétement défaut. Nous savons seulement que ses jours s'y écoulèrent dans l'innocence la plus parfaite. Il sut bientôt lire, écrire et répondre la sainte messe, et il s'acquittait de cette dernière fonction avec une piété angélique.

L'époque de sa première communion étant arrivée, il se prépara avec soin à cette importante action, sous la direction de son oncle et de sa tante. Ce grand jour fut réellement pour lui le plus beau de tous les jours. Il fit à Dieu une offrande de lui-même, pleine de sincérité et de tendresse; et Dieu prit possession de son cœur comme d'un temple qu'il ne devait plus quitter.

M. le recteur de Malville suivait attentivement l'action de la grâce sur son neveu, et reconnaissant en lui les marques non équivoques d'une vocation divine, il n'hésita pas à diriger ses pas vers le sanctuaire. Il lui donna lui-même les premières leçons de la langue latine, et le conduisit jusqu'aux classes supérieures, après quoi, il l'envoya à Nantes, au collége tenu par les Oratoriens, où il termina ses humanités.

Quels furent les succès du jeune Orain, dans cette partie de ses études ? L'absence de documents suffisants sur ce point, nous réduit aux conjectures. Selon toute apparence, les progrès furent plus solides que brillants. L'imagination, en effet, joua toujours chez lui un moindre rôle que le jugement; et nous voyons que, s'il s'éleva quelquefois jusqu'à la poésie, il se distingua constamment par son aptitude aux sciences sérieuses et utiles. Nous ferons, dès maintenant, la même remarque au sujet de ses études théologiques, que nous ne pouvons apprécier que par l'usage qu'il fit de ces connaissances, dans l'exercice de la prédication et du saint ministère. Partout, M. Orain nous apparaît comme un esprit grave et positif qui, sans dédaigner les formes de la pensée, attache plus d'importance à la pensée même. Ces dispositions n'excluaient cependant pas un certain enjoûment de bon ton, que nous retrouvons parfois dans ses lettres et dans ses Mémoires. Mais au temps dont nous parlons, sa grande préoccupation était évidemment le saint état auquel il aspirait, et l'acquisition des vertus qui lui sont propres. Les faits suivants prouvent assez avec quelle persévérance et quel succès il poursuivait ce noble but.

Il était dans sa dix-huitième année et achevait son cours de rhétorique, lorsque son oncle mourut. Cette perte douloureuse l'affligea doublement, parce qu'elle lui enlevait celui qui lui avait servi de père, et qu'elle lui ôtait en même temps le moyen de continuer ses études ecclésiastiques. Le digne recteur de Malville n'était pas riche et, en mourant, il n'avait pu pourvoir à l'avenir de son neveu.

Celui-ci se vit donc obligé de demeurer à la Boclais et de se remettre au travail des champs. Il est vrai que ses parents s'offrirent de faire pour lui les plus grands sacrifices et même de vendre une partie de leur petit patrimoine; mais il avait trop bon cœur pour accepter ces offres. — « Que deviendriez-vous après cela, leur disait-il, que » deviendraient mes frères et mes sœurs ? » Non, vous n'avez pas trop pour élever » votre nombreuse famille. Si Dieu me » juge digne du sacerdoce, il saura m'y » faire arriver d'une autre manière. » Ainsi il y avait lutte de générosité dans cette famille chrétienne ; mais celui qui souffrait le plus était le jeune clerc, qui se sentait poussé plus que jamais vers le sanctuaire et se contentait le plus souvent de gémir en secret et de prier Dieu de venir à son aide.

Sa confiance et sa persévérance méritèrent d'être enfin exaucées. Un jour, une lettre lui arrive de Nantes et lui annonce qu'une respectable famille, du nom de Gély, ayant besoin d'un instituteur pour faire l'éducation de deux jeunes enfants, lui offrait cette position avec des avantages qui lui permettraient de continuer ses études. Grégoire Orain vit le doigt de Dieu dans cette offre et se hâta de se rendre à Nantes,

où, en effet, des dispositions furent prises
pour qu'il pût suivre les cours de philosophie et de théologie au grand séminaire,
tout en conservant son domicile dans la
maison Gély. Cette manière de faire la théologie, était alors tolérée. Ces premières
difficultés levées, il en eut d'autres à sur-
monter. On sait assez ce que ces situations
d'instituteurs ont de délicat et, souvent,
de dangereux pour la vocation des jeunes
clercs. L'abbé Orain sut éviter ces écueils.
L'éclat du monde ne lui en déroba point
la futilité et les misères ; et les rapports
qu'il eut avec lui pendant plusieurs années,
n'eurent d'autre résultat que de l'affermir
dans l'amour de son saint état et de
l'initier à ces habitudes polies dont il trouvait dans la famille Gély de parfaits
modèles, et qu'il sut allier, toute sa vie,
avec la gravité des fonctions sacerdotales
et la pratique de vertus les plus austères.

Ses deux jeunes élèves étaient doués
d'un excellent naturel; mais, enfants de dix
à douze ans et très-turbulents de caractère,
ils ne laissèrent pas que de le faire souffrir,
surtout au début de ses leçons. Il ne tarda
cependant pas à prendre sur eux un ascendant complet, et il s'en servit non-seulement
pour les former à la science, mais encore

pour leur inspirer les sentiments de piété et de vertu dont il était lui-même animé. Il y réussit si bien, que l'un d'eux, après avoir servi noblement son pays dans l'armée et y avoir acquis un grade honorable, se retira à la Trappe, où il finit ses jours, jaloux de mériter encore une gloire plus solide ; et l'autre, appelé , dès sa jeunesse, à la grâce même du sacerdoce, entra dans la carrière ecclésiastique et l'honora, comme son maître, par la vie la plus sainte et par le zèle le plus ardent. Qui de nous n'a pas connu le vénérable abbé Gély, chanoine titulaire de la cathédrale de Nantes ? qui ne sait qu'après avoir restauré le culte dans cette église, au sortir des mauvais jours, il y exerça, pendant plus de cinquante ans, les fonctions importantes de sacriste et de maître des cérémonies, en même temps qu'il fondait, parmi nous , l'œuvre si florissante de la Propagation de la Foi ? En traçant ces lignes, il nous est doux de rappeler le souvenir de ce saint prêtre. Nous croyons le voir encore, parvenu à l'âge le plus avancé, ne voulant laisser à nul autre le soin de ses œuvres, et y demeurant fidèle jusqu'à la dernière heure. Nous aimons aussi à nous rappeler le glorieux témoignage qu'il se plaisait à rendre aux vertus de son premier

maître, et à l'heureuse influence qu'exer-
cèrent sur lui ses leçons et ses exemples.
M. Orain avouait, de son côté, avoir trouvé
dans ses élèves tant de consolations et un
tel encouragement, que ce fut à dater de
cette époque qu'il se prit pour l'instruction
de la jeunesse d'un zèle qui ne le quitta
plus, et dont nous aurons occasion de
signaler plus d'une fois les heureux fruits.

On peut se demander comment M. Orain
pouvait se livrer si assidûment à l'éducation
des enfants Gély, et suivre en même temps
avec succès les cours de théologie? L'un
des Mémoires que nous avons sous les yeux
nous l'explique, en disant qu'après avoir
consacré le jour à ses devoirs d'instituteur,
il passait la majeure partie de ses nuits à
remplir ses obligations de séminariste ; et
que c'est à dater de cette époque, qu'il
prit l'habitude de ces longues veilles et de
ce travail opiniâtre qu'il continua depuis,
et qui fut un des traits les plus saillants de
sa vie.

Tant de courage devait enfin recevoir sa
récompense. M. Orain, après avoir gravi
successivement tous les degrés des saints ordres, fut promu au sacerdoce, à l'ordination
de Noël 1779, et il fut nommé immédiatement après au vicariat vacant de la ville de

Paimbœuf. Il n'avait encore que vingt-trois ans. Cette nomination à un poste important et de faveur, témoigne assez du cas que les supérieurs faisaient de M. Orain et de l'idée avantageuse qu'ils avaient de sa capacité et de sa vertu. Le fait suivant que nous trouvons raconté dans les Mémoires déjà cités, prouve également l'ardeur de son zèle. Ce fut là veille même de Noël, au matin, qu'il connut sa destination et qu'il reçut l'invitation de s'y rendre au plus tôt. La Loire était prise par les glaces, et aucun bateau ne pouvait descendre le fleuve. La voie de terre était également obstruée par les neiges et impraticable aux voitures. M. Orain ne s'arrêta point devant ces obstacles. Sans faire aucune observation, et sans perdre de temps, il met ordre à ses affaires, prend un bâton et un léger paquet de linge, et se met en route, à pied. La distance à franchir était de dix à douze lieues ; le vent était vif, les chemins glissants ; malgré toute la diligence possible, il ne put se rendre dans la journée qu'à l'abbaye de Buzay, où il arriva à la nuit tombante, mourant de froid, de faim et de fatigue. Les religieux auxquels il alla demander l'hospitalité, le reçurent avec empressement et charité. Ils le firent approcher d'un grand feu, lui offrirent la collation et l'invitèrent à profiter d'un bon lit qu'ils lui avaient préparé. Mais M. Orain refusa cette dernière douceur, pensant qu'il était mieux de passer en prières la nuit où le Sauveur fut annoncé au monde par le chant des anges. En conséquence, il demanda qu'on lui permît de se rendre au chœur avec les religieux, ce qu'on lui accorda, et il assista à tout l'office, ainsi qu'à la messe de minuit, qui suivit. En racontant lui-même ce fait, il aimait à rappeler l'impression que fit sur lui cette nuit passée dans le silence d'un monastère, à la campagne, et au milieu des chants et des lumières qui lui rappelaient l'éclat céleste dont fut environné l'étable de Bethléem. Une circonstance l'émut plus vivement que les autres. Ce fut à l'*Offertoire*, lorsqu'un religieux montant à l'autel, y déposa une offrande et, en se retirant, chanta à haute voix : *Nô, Nô, Nô* (1). A quoi toute l'assistance répondait : *C'est pour Jésus!* C'était une de ces cérémonies touchantes, consacrées par la piété de nos pères, et figurant les présents apportés à l'enfant Jésus par les bergers et les mages. Dans la circonstance où se trouvait le nou-

---

(1) Noël, Noël, Noël.

veau prêtre, elle avait pour lui une signifi-
cation toute particulière. Cette offrande lui
rappelait celle qu'il venait de faire à Dieu
de lui-même et de toute sa vie, et il la re-
nouvelait près de la crèche du Sauveur avec
un surcroît de ferveur et d'amour. Le lendemain, de grand matin, après quelques
heures seulement de repos, il se remit en
route, toujours à pied, et il arriva à Paimbœuf en temps utile pour célébrer la sainte
Messe.

Ce début de M. Orain, dans le ministère
sacerdotal, fait assez comprendre ce qu'il
dût être dans la suite, et supplée au silence
que gardent encore nos documents sur cette
partie de sa vie. Ce n'est pas que nous croyons
qu'elle brillât d'un grand éclat: la simplicité
et l'humilité du jeune prêtre ne permettent
pas de le supposer ; mais on ne peut
douter qu'il n'ait apporté dans l'exercice
de ses devoirs le plus grand zèle, et il n'est
pas sans vraisemblance que cette cause
contribua à la grave maladie qu'il fit deux
ans après, et qui l'obligea, de l'avis des
médecins, à se retirer de nouveau chez ses
parents. Le repos complet, l'air natal et les
bons soins étaient devenus indispensables
au rétablissement de sa santé compromise.

La Providence avait aussi ses vues en le

transportant sur un théâtre où, plus tard, il devait avoir à déployer toute l'activité et tout l'héroïsme de sa vertu. En effet, à l'époque où sa santé commençait à se raffermir, le vicariat de Fégréac vint à vaquer, et M. Mangeard, recteur de cette paroisse, qui avait pu apprécier les éminentes qualités du jeune prêtre, demanda et obtint des supérieurs, qu'il lui fut adjoint comme vicaire. M. Orain nous apprend lui-même que ceci se passa au mois de juillet 1782. En conséquence de cette disposition, il se remit aux travaux du saint ministère, et bientôt il eut à en supporter le plus lourd fardeau.

Le presbytère était situé à une demi-lieue du bourg, ce qui était fort incommode pour les prêtres aussi bien que pour les fidèles. Afin d'éviter ces inconvénients, M. Orain proposa d'habiter le bourg et il vint, en effet, s'y établir dans une maison connue sous le nom d'*Hospice*. C'est là, qu'à toute heure du jour et de la nuit, il se tenait à la disposition de tous, toujours prêt à secourir les malades, à administrer les sacrements et à accomplir tous les devoirs du saint ministère. On le trouvait plus habituellement encore à l'église, confessant, catéchissant, récitant son bréviaire. Il s'y rendait dès avant l'aube, et n'en sortait qu'à la nuit tombée, pour la plus grande commodité des villageois qui n'auraient pu se distraire de leurs travaux au milieu du jour. Non content de se livrer avec cette assiduité à ses fonctions sacrées, il trouvait encore du temps pour entreprendre des œuvres de zèle. C'est alors, en effet, qu'il fonda à Fégréac une école d'enfants et de jeunes gens de son choix, qu'il instruisait lui-même, et qu'il destinait à remplir un jour les vides du sacerdoce. Nous aurons occasion de parler, plus d'une fois, de cette institution et de ces jeunes gens.

Tant de dévouement lui concilia l'estime et l'affection de toute la paroisse ; mais il ne s'en prévalut aucunement. M. Mangeard ayant obtenu, au concours, la cure de Guémené-Penfao, lui proposa de le faire nommer son successeur à celle de Fégréac; il lui représenta qu'il était dans son pays, près de sa famille, et qu'il convenait mieux que personne à cette paroisse. Mais l'humble prêtre refusa constamment, alléguant qu'il n'avait point les qualités qu'on lui supposait, et qui étaient nécessaires. Il continua donc d'exercer ses modestes et laborieuses fonctions de vicaire, sous les successeurs de M. Mangeard, jusqu'en 1791, époque où la persécution révolutionnaire éclata en France contre l'Eglise.

Personne n'ignore aujourd'hui les causes et les principaux événements de cette trop mémorable catastrophe. Nous n'avons pas à les raconter. Nous rappellerons seulement que les Etats-Généraux, transformés en Assemblée nationale, après avoir brisé l'antique constitution politique de la France, aspiraient à détruire également sa constitution religieuse. Déjà plusieurs décrets, et entre autres ceux qui ordonnaient la vente des biens du clergé et l'abolition des ordres religieux, avaient porté de graves atteintes à son existence, lorsque, le 12 juillet 1790, parut la fameuse *Constitution civile du clergé*. C'était le renversement complet de la discipline et de l'autorité de l'Eglise, et l'introduction, en France, d'un schisme funeste. L'invitation, puis bientôt l'ordre adressés à l'épiscopat et au clergé de prêter serment à cette constitution, mit le comble à ces tentatives impies. On sait à quelles discussions donnèrent lieu ces actes présentés avec un certain art. Quelques-uns, prévenus ou mal instruits, se laissèrent surprendre ; mais l'immense majorité ne s'y trompa point, et préféra encourir toutes les horreurs de la persécution, plutôt que de compromettre sa foi et sa conscience. Le recteur de Fégréac, qui était alors M. Renaud, et son vicaire, n'hésitèrent pas à prendre ce dernier parti. M. Orain, en particulier, n'avait point attendu au dernier moment pour s'éclairer. Sentinelle vigilante, il avait suivi attentivement la marche des événements ; esprit droit, il ne s'était pas mépris un instant sur leur caractère anti-chrétien ; cœur généreux, il était déjà disposé à tous les sacrifices que la gloire de Dieu et le salut du prochain demanderaient de lui.

Nous avons sous les yeux un grand nombre d'écrits du temps, retrouvés dans les papiers du digne prêtre, et qui attestent avec quelle sollicitude il prêtait l'oreille aux échos de la révolution, partis de la capitale, et avec quel sage discernement il savait se renseigner aux sources les plus sûres et les plus dignes de sa confiance. Ce sont, indépendamment du journal l'*Ami de la Religion*, qui mérita si bien alors son nom, les brefs du Souverain Pontife, les protestations des évêques présents à l'Assemblée nationale, et particulièrement celles des évêques de Bretagne. C'était aussi les instructions que ces derniers croyaient devoir adresser à leurs prêtres, pour leur indiquer la conduite à tenir dans de si graves circonstances. Nous trouvons la plupart de ces documents copiés de la main même de M. Orain, et souvent à plusieurs exemplaires, comme s'il eut songé à les répandre. Le plus grand nombre ayant été publiés depuis, nous ne les reproduisons pas. Notre but est uniquement de remarquer combien était prudente la conduite de ce saint prêtre, qui savait que, lorsque les tempêtes se déchaînent, c'est vers les pilotes qu'il faut tourner les yeux, et à leur voix qu'on doit obéir, si l'on ne veut faire naufrage.

Guidés par des principes si sûrs et des sentiments si chrétiens, les prêtres de Fégréac ne pouvaient se laisser surprendre. Ayant été invités par l'autorité civile à se rendre à Nantes, avec les autres prêtres du diocèse, sous prétexte d'une nouvelle organisation du clergé, ils comprirent qu'ils n'avaient d'ordre à recevoir, sous ce rapport, que de leur évêque, et ils ne répondirent point à cet appel. « Bien nous en » prit, dit M. Orain, car c'était un piége » qu'on nous tendait, afin de nous obliger » à prêter serment, ou, en cas de refus, de » s'assurer de nos personnes. Plusieurs de » nos confrères furent ainsi retenus prison- » niers ; quelques-uns parvinrent néan-

» moins à s'échapper ; mais pendant ce
» temps-là nous respirions librement l'air
» des champs. » Ils ne s'en tinrent pas là,
car ils continuèrent de desservir leur parois-
ao, malgró tous les périls de la persécution,
M. Renaud jusqu'à l'époque où il prit le
parti de passer en Espagne , et M. Orain
pendant toute la durée de la tourmente
révolutionnaire.

Mais le moment est venu de le laisser
parler lui-même, en citant son Mémoire.
Nous prions nos lecteurs de se souvenir que
cet écrit n'ayant pas été destiné, par son
auteur, à une grande publicité, mais seulement à l'édification de ses paroissiens, gens
de la campagne, ils ne devront pas être
surpris d'y trouver l'élégance du style sacri-
fiée à l'utilité du but. Nous avons dû, d'ailleurs, respecter le texte de ce précieux
document, à raison de son origine et pour
répondre au vœu qui nous a été générale-
ment exprimé. C'est pourquoi nous nous
bornerons à faire disparaître quelques légè-
res négligences, à mettre un peu d'ordre
dans les récits, à compléter ceux qui peuvent l'être, et à donner les explications
nécessaires.

CHAPITRE II.

—

Motifs qui ont déterminé M. Orain à écrire son Mémoire. — Excellentes dispositions des habitants de Fégréac. — Débuts de la persécution. — Instruction que M. Orain adresse à ses paroissiens. — Effets qu'elle produit. — Humilité du saint prêtre. — Exemple mémorable qui le justifie. — Description topographique de Fégréac. — Tentatives infructueuses d'intrusion — Décret d'exportation. — Première poursuite contre M. Orain; affaire Burban. — Perquisition du lendemain. — M. Renaud passe en Espagne. — Genre de vie de M. Orain pendant la révolution. — Nouvelles poursuites; affaire du Motais. — Expédition concertée de Redon, Blain, Savenay, etc. — Expédition venue de Nantes. — Perquisition de nuit; dangers; Providence. — Le généreux prêtre sauve un *bleu* (1) d'une mort imminente.

OICI comment M. Orain débute dans ses intéressants récits :

MÉMOIRE

De quelques faits qui me sont arrivés pendant
la Révolution de la France.

« On pourra trouver et remarquer, par les traits que je vais rapporter, une preuve de cette vérité, que le Seigneur n'aban-

(1) On désignait sous ce nom, les soldats républicains.

donne jamais ceux qui mettent leur confiance en lui ; et que lorsqu'il châtie ses
enfants, il le fait en père ; c'est-à-dire pour
les purifier de plus en plus, pour les avertir
de se retourner vers lui et de le servir
avec plus de fidélité, afin qu'ils se rendent
dignes des récompenses célestes. C'est pour
cela qu'il a permis la Révolution et les maux
qu'elle a causés à la France. Il a voulu châ-
tier ses enfants qui ne le servaient pas assez
fidèlement, purifier ceux qui lui étaient
agréables, comme le saint homme Job : *Quia
acceptus eras, necesse fuit ut tentatio proba-
ret te* (1).

» Mais en même temps qu'il afflige les
siens et qu'il laisse momentanément triom-
pher les impies, il se sert quelquefois des
instruments les plus faibles et les plus inca-
pables par eux-mêmes ; d'un côté, pour
confondre l'orgueil des méchants et leur
faire voir qu'il est au ciel un Maître souverain, contre les décrets duquel ils ne peuvent rien ; et, d'un autre côté, pour montrer
aux justes que sa miséricorde est toute-
puissante, et qu'il peut faire les plus grandes
choses avec les instruments les plus vils et

_____

(1) Parce que tu étais agréable à Dieu, il a fallu que la
tentation t'éprouvât.

les plus méprisables selon le monde. Mais comme les justes affligés doivent adorer en tout la main de Dieu qui les frappe et s'humilier devant lui, en attendant de sa bonté la consolation dans leurs peines, la fin de leurs maux et un sort plus doux ; de même, ceux dont Dieu se sert pour procurer quelques consolations aux justes, ne doivent rien s'attribuer à eux-mêmes du bien qu'ils font et des secours qu'ils procurent à ceux que Dieu leur adresse. Ce serait tomber dans une erreur bien grossière que de se croire capable de faire du bien par ses propres forces et ses prétendus talents. Ce serait dérober à Dieu une gloire qui n'appartient qu'à lui, et se perdre en voulant sauver les autres.

» Ce sont là des vérités dont je n'ai cessé d'être bien pénétré, dans les diverses circonstances où je me suis trouvé; et lorsque le démon de l'orgueil voulait essayer de me surprendre et de me faire illusion à ce sujet, je n'avais qu'à jeter les yeux sur mes misères et je trouvais bientôt en moi de quoi m'humilier et me couvrir de confusion. Si donc je rapporte ici quelques circonstances de ma vie où la Providence a veillé sur moi, m'a préservé ou délivré de quelques dangers et m'a aidé à faire quelque bien et à procurer à mes frères quelques secours temporels ou spirituels, je déclare que ce n'est point pour m'en prévaloir, ni m'en attribuer le moindre mérite. Je reconnais bien sincèrement que tout cela est venu de Dieu, qui a bien voulu m'assister et se servir de moi, plutôt que de bien d'autres qui étaient plus dignes et plus capables.

» Je puis même dire avec vérité, que j'ai bien lieu de craindre, qu'au jugement redoutable du Seigneur, il se trouve que je n'ai pas correspondu aux grâces qu'il m'a accordées, que je n'ai pas fait tout le bien qu'il avait droit d'attendre de moi, et que la somme de mes fautes surpasse de beaucoup celle de mes bonnes œuvres. Mais quoique, pour toute ma conduite, j'aie plus lieu de craindre que d'espérer, il me semble que mon plus grand désir a été de plaire à Dieu et de faire sa sainte volonté.

» Ce qu'il y a de louable pour les paroissiens de Fégréac, c'est que, pendant la Révolution, il ne s'est trouvé parmi eux, ni dans les villages des paroisses circonvoisines, aucun patriote ni sectateur des prêtres intrus, ni gens malveillants, excepté quelques particuliers du village de Réteau, en Guenrouet, mais qui ne firent cependant pas de mal.

» Lorsque le schisme commença à s'annoncer, les paroissiens nous demandaient sans cesse, à M. Renaud, recteur, et à moi, quelle était la conduite qu'ils devaient tenir pendant le temps malheureux qui s'annonçait ? Afin d'éviter l'embarras de répéter à chacun en particulier des avis si nécessaires à tous, ce qui n'aurait jamais fini, et ce qui était cependant le sentiment de M. le recteur, de peur, disait-il, de se compromettre, je pris le parti de leur expliquer tout cela en chaire ; et c'est ce que je fis, un dimanche, pendant que la fièvre retenait M. Renaud au lit. Je leur donnai, dans un prône qui dura plus de cinq quarts-d'heure, toutes les explications et instructions nécessaires pour toutes les circonstances où ils pouvaient se trouver, conformément aux brefs du Saint-Père, et aux décisions des évêques. Je voulais tout leur dire dans un premier entretien, craignant de ne pouvoir leur en parler une autre fois. Ce discours, quoique long, ne parut point les ennuyer, et fut écouté avec la plus grande attention. Je ne les avais jamais vus si attentifs aux instructions que dans cette circonstance. C'était en 1791, après Pâques, précisément le jour où les électeurs étaient assemblés pour la première fois au district de Blain, afin de nommer des prêtres intrus ou constitutionnels. Je pris pour texte ces paroles du Prophète : *Clama ne cesses, exalta vocem tuam*, etc. (1). Je leur exposai que, s'il y avait jamais eu des circonstances où le Seigneur nous fît un semblable commandement, c'était dans ce jour où l'enfer tramait des complots jusqu'alors inouïs, pour perdre leurs âmes... qu'eux-mêmes nous avaient demandé plusieurs fois ce qu'ils devaient faire... qu'il était bien juste que nous leur fissions connaître la vérité, etc.

» Nos paroissiens, qui n'étaient la plupart que des bonnes gens de la campagne, se montrèrent dociles aux avis que je leur donnai, et semblèrent se prêter la main afin d'empêcher le mal de pénétrer dans la paroisse. Il était juste que, se montrant bons catholiques, ils ne fussent pas privés des secours spirituels. C'est pourquoi je pris la résolution de ne les point quitter, même au péril de ma vie ; pensant que si je venais à périr, ce serait pour une bonne cause, et que le passeport que les républicains me donneraient ainsi pour l'éternité, serait très-avantageux pour moi. Je ne cessai jamais d'avoir cette pensée présente à l'esprit.

(1) Criez, ne cessez pas, élevez fortement votre voix!...

» Cependant, l'instruction que j'avais faite et qui avait vivement frappé les assistants venus à la grand'messe, non-seulement de la paroisse, mais des paroisses voisines, devint l'objet de tous les discours. Les uns m'approuvaient, les autres me blâmaient; d'autres disaient : « Il sera pris, il sera jeté en prison, il sera mis à la lanterne, » ce qui était une manière de pendre les hommes sans forme de procès, inventée à Paris par les républicains. Il n'y eut pas jusqu'à mon pauvre père, à qui on fit un crime de me laisser dire des choses semblables à l'église. M. le recteur lui-même, me reprocha d'avoir parlé ainsi, en public, disant qu'il fallait se contenter de donner des avis en particulier; mais je lui en fis voir l'insuffisance. Je lui représentai que nous ne devions pas craindre de nous montrer ouvertement dans les circonstances où il s'agit de défendre la foi et de la conserver pure dans le cœur des fidèles; et que, même, nous ne devions pas hésiter à nous exposer au ressentiment des ennemis de la religion, pour le salut des âmes.

» Dès le soir, vers dix heures, deux de mes frères vinrent m'éveiller et me dire qu'on allait venir me prendre, dans la nuit,

et me conduire en prison, et que j'eusse à
m'enfuir et à me cacher. Je leur demandai
où ils avaient appris cette nouvelle, et sur
ce qu'ils me répondirent, je passai le reste
de la nuit à rechercher les autours de ces
bruits, afin de savoir s'ils avaient quelque
fondement certain. Je reconnus que personne n'en avait entendu parler sérieusement ; c'est pourquoi je retournai continuer
les fonctions de mon ministère, comme à
l'ordinaire.

» Mais ceci n'empêcha pas que l'on continuât à me blâmer : quelques confrères
m'accusèrent d'imprudence, de témérité,
etc... J'eus beau plaider ma cause, on me
répondit qu'aucun autre prêtre n'avait
commis pareille folie, et que c'était orgueil
de ma part, de prétendre avoir plus d'esprit
que les autres ; de sorte qu'il fut décidé par
plusieurs que j'avais eu grand tort ; et je ne
retirai de cette action que honte et confusion, ce qui ne laissa pas de m'affliger un
peu. Je brûlai le cahier sur lequel j'avais
écrit mon instruction parce qu'on me dit
que, si on venait à le saisir, il me compro-
mettrait et occasionnerait des recherches
plus funestes encore.

» Je restai ainsi avec la réputation d'avoir
été seul imprudent, jusqu'à ce que, quel-

ques semaines après, M. Courtois, vicaire de Plessé, vint nous voir, et nous apprit qu'il avait prêché lui-même très-fortement, le même dimanche que moi, et que, quoiqu'il y eût des patriotes à Plessé, il n'avait pas craint de parler ouvertement. Il soutint, en pleine compagnie, que c'était notre devoir de le faire, et qu'en pareille circonstance, la réserve était une lâcheté. Cela me consola beaucoup et me fit très-grand bien, voyant que je n'avais pas été seul à m'élever contre le schisme, et à prévenir les fidèles de ce qu'ils devaient faire. A dater de ce jour, on ne me chercha plus chicane. »

Nous ne saurions dire lequel est le plus admirable, ici, ou le zèle ardent qui porta M. Orain à mettre de côté toute considération humaine pour éclairer et sauver la foi de ses paroissiens, ou l'humble simplicité avec laquelle il raconte les désagréments que lui occasionna cette généreuse initiative. Il est certain que, dans les grandes épreuves de l'Eglise, ses ministres doivent user d'une extrême prudence ; mais s'il est un temps où ils doivent garder le silence, il en est un autre aussi où ils doivent parler et agir. Dans la circonstance présente, le schisme était décrété et l'intrusion menaçante. D'un jour à l'autre, les fidèles pou-

vaient tomber sans défense entre les mains
des faux pasteurs, il était urgent de les
prémunir par de sages instructions et de
puissants exemples. M. Orain réfléchit sans
doute aussi que le crédit qu'il avait acquis
dans la paroisse par un long séjour et par
les services qu'il avait rendus, ainsi que
l'appui qu'il pouvait trouver dans sa nombreuse famille, lui recommandaient particulièrement ce devoir. C'est pourquoi il
n'hésita pas à se prononcer; et l'événement
prouva qu'il n'avait agi en cela que par
l'esprit de Dieu, car les habitants de
Fégréac, admirant son dévouement à leur
cause, s'attachèrent plus étroitement encore
à lui; et, sûrs de son concours, ils se décidèrent à le seconder de tous leurs efforts,
dans la généreuse entreprise qu'il avait
conçue de demeurer au milieu d'eux et de
leur conserver tous les bienfaits que la
religion procure. Quant à lui, il pensa
qu'étant résolu à rester fidèle à son devoir
jusqu'à la mort, mieux valait le remplir
complétement qu'à demi. C'est ce sentiment
qu'il exprime dans le passage suivant de
son Mémoire, et qu'il appuie d'un remarquable exemple :

« Une chose qui m'encourageait encore à
m'exposer et à travailler le plus qu'il

m'était possible, était de voir que, souvent, on surprenait et on faisait mourir des prêtres qui se cachaient soigneusement, et qui ne faisaient rien, de peur de se compromettre. Je pensais donc que, si j'étais pris, je serais certainement mis à mort, soit que j'eusse exercé mon ministère, soit que je l'eusse négligé. Cela étant, disais-je, et quant à subir la mort en qualité de prêtre, il faut au moins que je la mérite en faisant tout ce qui est de mon ministère, afin de n'avoir pas la honte et le remords de mourir sans avoir travaillé pour l'honneur de mon divin Maître et le salut des âmes. Il faut, disais-je encore, vendre ma vie tout le plus cher que je pourrai. Et alors, je me rappelais un trait qui me frappait beaucoup.

» Au début de la persécution, quand on commença à emprisonner les prêtres qui refusaient de se soumettre aux décrets de l'Assemblée nationale, un certain nombre se trouvèrent réunis dans une même prison. Là, ils se racontaient les uns aux autres ce qu'ils avaient fait pour mériter leur captivité. L'un avait fait de bonnes et solides instructions à ses paroissiens, et les avait prémunis contre le schisme ; l'autre avait administré les sacrements à des malades, malgré les intrus ; un troisième avait confondu un prêtre assermenté et détourné les fidèles d'assister à ses instructions et à ses offices ; chacun avait fait de son mieux, et tous se félicitaient de ce qu'ils souffraient pour la foi : *Ibant gaudentes quoniam digni habiti sunt, pro Nomine Jesu contumeliam pati* (1). Parmi eux, se trouva un Monsieur X.. qui, sans doute, était un fort bon prêtre, et qui n'avait point fait le serment. Mais c'était tout. Il avait observé la plus grande réserve, afin de ne pas s'exposer témérairement, disant qu'il ne fallait pas se compromettre, mais agir avec prudence et se conserver pour des temps plus tranquilles. Néanmoins, malgré toute sa circonspection, il fut pris et incarcéré avec les autres. Lors donc que ses confrères lui demandaient : — « Et vous, qu'avez-vous fait pour mériter la prison ? — Ah ! ne m'en parlez donc pas, répondait-il, je suis un lâche qui ne mérite pas d'être dans votre compagnie. — Avez-vous fait le serment ? — Non, je ne l'ai point fait, Dieu merci ; mais j'ai voulu user d'une trop grande prudence humaine. Je n'ai rien voulu faire de ce que vous avez fait et de ce qui est aujourd'hui votre consolation et

(1) Ils s'en allaient se réjouissant d'avoir été jugés dignes de souffrir l'injure pour le Nom de Jésus-Christ.

votre gloire; et, malgré toute ma discrétion, me voilà emprisonné avec de respectables confesseurs de la foi. Si j'avais donc entrepris, aussi moi, quelque chose pour la gloire de Dieu et le salut des âmes, cela me consolerait aujourd'hui ; mais je suis couvert de honte : je n'ai rien fait pour rendre ma captivité honorable. Moi qui ai brillé dans les concours, je n'ai point voulu instruire mes paroissiens ni les prémunir contre le schisme, de peur de m'exposer. Ah ! faut-il que j'aie été si lâche ! »

« Après la nomination des intrus — c'est M. Orain qui continue — vint l'ordre aux prêtres non assermentés de cesser toutes leurs fonctions et de quitter leurs paroisses. Je me gardai bien d'en rien faire et je restai constamment à mon poste, de sorte que les paroisses voisines, étant privées de leurs prêtres légitimes, soit qu'ils fussent remplacés par des intrus, soit qu'ils fussent prisonniers à Nantes, une multitude innombrable de personnes venaient à Fégréac aux offices. Nous fîmes encore la première communion des enfants, en 1791, vers la Saint-Jean, sans éprouver rien de fâcheux, parce que M. Maugendre, desservant de Saint-Nicolas-de-Redon, nommé sans sa participation intrus à Fégréac, était trop bon

prêtre catholique pour accepter une nomination qui lui paraissait avec raison aussi
horrible en elle-même, qu'indigne d'un
excellent prêtre, tel qu'il avait toujours été.

» Dans la suite, les affaires devenant de
plus en plus mauvaises, et le district de
Blain voyant que, malgré les décrets de
l'Assemblée nationale, je continuais à exercer publiquement le ministère sans avoir
fait le serment, me fit inquiéter, et chaque
jour j'entendais parler des menaces que l'on
dirigeait contre moi; mais je me sentais de
force à tenir bon, et, de plus, j'y étais encouragé par les discours et les exemples de
courageux confrères, tels que M. Robin,
vicaire de Guémené, mort recteur du Gâvre;
M. Courtois, vicaire de Plessé, mort recteur
de Guémené; M. Corbillé, vicaire de Bouvron, fusillé par les bleus au bourg de Bouvron, et plusieurs autres. »

Nous suspendrons ici ces récits de M.
Orain, pour donner, sur Fégréac, quelques
notions topographiques, sans lesquelles il
serait impossible à nos lecteurs de suivre le
courageux confesseur de la foi dans ses courses et dans les poursuites incessantes dont il
fut l'objet. Cette paroisse est située à deux
lieues de la jolie petite ville de Redon, au
confluent de la Vilaine et de l'Isaac, et elle

s'étend, en longueur, sur la rive droite de cette dernière rivière. Son territoire est fort accidenté et formé de landes désertes dans l'intérieur des terres, et d'une chaîne de collines en parfaite culture le long de la vallée qu'arrose l'Isaac. C'est sur une de ces collines, et aspectant vers la vallée, que s'élève le bourg. On y voyait, à l'époque dont nous parlons, un antique et modeste sanctuaire, avec ses porches, ses fenêtres ogivales et sa petite flèche couverte en ardoises. C'était l'église paroissiale. Depuis, les habitants l'ont remplacée par une plus grande et plus belle, du même style, et qui prouve que les enfants n'ont point dégénéré de leurs pères.

Nous verrons souvent revenir, dans ces récits, des noms de villages ou de chapelles qu'il importe de connaître. Ce sont, à droite du bourg et en allant vers la Vilaine, les villages de la Guénelais, du Dreneuc, de Saint-Joseph et de Villebraud, et les chapelles de Sainte-Anne, de Saint-Joseph et de Saint-Jacques; et, à la gauche du bourg, en se rendant vers l'extrémité opposée, les villages de Villeberte, de Barisset, de la Câté et de la Brousse, et les chapelles de la Magdeleine, des Saints-Anges-Gardiens, de Saint-Julien ou de la Cure, et de Saint-

Armel. C'est dans ces villages que le saint prêtre cherchera ses refuges ordinaires, et dans ces oratoires isolés qu'il réunira les fidèles, quand il ne le pourra faire à l'église, et que la violence de la persécution ne l'obligera pas à les rassembler dans les granges ou dans les bois.

Nous devons signaler également deux grandes routes par lesquelles arriveront les patriotes et les soldats, qui ne cesseront de poursuivre le courageux confesseur. La première est celle de Redon à Nantes, qui sillonne les landes de la paroisse ; et la seconde est celle de Redon à la Roche-Bernard, qui parcourt les collines, traverse le bourg, et franchit l'Isaac au lieu nommé Pontminy (1). Remarquons encore, au pied de la colline sur laquelle est assis le bourg, un marais formant une sorte d'anse rentrant dans les terres ; ses rives sont reliées par une digue ou chaussée longue, étroite, coupée de canaux sur lesquels sont jetés de petits ponts de planches, ou de troncs d'arbres. C'est le marais et la digue du Motais ; ils favoriseront plus d'une fois la fuite de M. Orain, lorsqu'il sera surpris

---

(1) Au temps de M. Orain, ce passage était desservi par un bac ; aujourd'hui, il l'est par un pont.

dans son église ou au bourg; et il s'y passera des scènes émouvantes. Enfin, nommons les paroisses limitrophes, dans lesquelles l'intrépide ministre étendra son zèle, et les districts révolutionnaires d'où partiront, chaque jour, les détachements de bleus, envoyés à sa poursuite. Les premières forment comme une circonférence dont Fégréac serait le centre : ce sont, à l'ouest, par-delà la vallée de l'Isaac, Téhillac; au sud, Guenrouët; à l'est, Plessé et Avessac; au nord, Saint-Nicolas-de-Redon et Rieux. Les districts rangés à peu près sur une circonférence concentrique à la première, mais plus éloignée, sont, en partant de l'ouest et suivant la direction précédente : La Roche-Bernard, Savenay, Blain, Châteaubriant, Guémené-Penfao et Redon.

Cela dit, écoutons M. Orain raconter les premières poursuites qui furent dirigées contre lui, et comment Dieu lui sauva la vie.

« C'était la veille de la Saint-Jean, 1792. Le district de Blain envoya pour nous arrêter, M. Renaud et moi, une troupe de bleus cantonnés à Plessé et à Roset. Ils se firent conduire de village en village, et arrivèrent, à onze heures et demie du soir;

à la cure de Fégréac (1) : mais nous n'y couchions plus. Le commandant du détachement, nommé Barban, voyant son coup manqué, se déguisa avec quelques autres, afin de nous surprendre plus aisément, et vint au bourg dès quatre heures du matin. Peu s'en fallut, en effet, qu'il ne me prît; car je n'avais point encore quitté l'habit ecclésiastique, et il n'aurait pas eu de peine à me reconnaître, au moment où je me rendais à l'église. Je lui échappai lorsqu'il était sur le point de me mettre la main au collet, et je m'enfuis précisément comme je l'avais prémédité quelques jours auparavant, où cela m'était venu à l'esprit.

» Voici comment la chose se passa :

» M. Giles Chatelier, de Calan, en Plessé, neveu de M. Chatelier, recteur de Missillac, et frère de M. le recteur de Cordemais, était venu la veille au soir, nous avertir du projet des bleus, et de leur départ. En conséquence, M. le recteur alla coucher à Balac, chez la veuve Motreul ; et moi, je ne pus me résoudre à quitter le bourg. J'allai dans le jardin de Mme Beauregard, me retirer dans une espèce de grange, où je me reposai sur

(1) On se souviendra qu'elle était située à une demi-lieue du bourg, sur les bords de l'Isaac.

des échelles de couvreur, mais d'un sommeil fort léger. Dès deux heures et demie
du matin, j'entendis marcher dans le bourg.
Je fis la même remarque vers trois heures ;
et, sur les quatre heures, reconnaissant la
voix des habitants, je descendis de mes
échelles, et j'allai m'informer de ce qui se
passait. Les uns me dirent qu'ils n'avaient
rien vu ; les autres, qu'ils avaient remarqué
des étrangers en divers. endroits. Je me
dirigeai alors vers l'église ; mais en y
allant, j'aperçus deux inconnus qui marchaient devant moi, à une certaine distance. Ils étaient vêtus d'une grande culotte
de toile, d'un petit gilet de serge et d'un
large chapeau ; et, de temps en temps, ils
tournaient la tête de côté et d'autre.

» Je ne me défiais pas encore d'eux : je
les pris pour des gens de Plessé, qui
venaient à la messe du matin, et je continuai à marcher vers l'église : mais lorsque
je fus près de la porte, j'éprouvai une violente répugnance à y entrer ; je reculai, et
j'aperçus mes deux hommes qui me consi-
déraient avec attention, par-dessus le mur
du cimetière. M'étant tourné ensuite vers
le midi, je vis M. Giles Chatelier, au chemin
de l'Hospice, qui me faisait signe d'aller à
lui, d'une manière très-pressante. J'y cours

promptement. En approchant, je l'entends qui me disait d'une voix à demi-basse : — « Vous voilà pris ! vous voilà pris. — Par où donc ? lui dis-je. — Par derrière vous. » Je tourne aussitôt la tête, et j'aperçois mes deux hommes qui s'approchaient de moi de très-près. Burban, le commandant, dit en ce moment à son compagnon d'aller avertir la troupe, parce qu'il me regardait déjà comme pris. Mais, pour moi, sans plus attendre, je relève ma soutane et me mets à courir à toutes jambes.—« Monsieur l'abbé! Monsieur l'abbé! me dit Barban, écoutez donc, je veux vous parler.» Mais je n'en courais que mieux, pensant que, quand le chien aboie, le lièvre ne doit pas rester au gîte.

» En passant près de l'Hospice, j'aperçus M. Renaud, arrêté à demander à la veuve Pajot, sa domestique, ce qui s'était passé à la cure. Je lui criai, en courant : — « Sauvez-vous, voilà les bleus qui me poursuivent.» En même temps, je tourne à droite, je saute une barrière, et j'entre dans le champ nommé *la Vigne*. Je cours le long de la haie, à droite; je franchis le fossé et traverse le grand chemin. Je saute encore par-dessus un tas de bûches mal arrangées, et je cours sur la droite, le long de la haie, jusqu'au coin du jardin de Mme Beau-

regard. Burban voulut en faire autant;
mais ce fut là que Dieu, par un effet de sa
toute-puissance et de sa bonté pour moi,
l'arrêta. Cet homme , voyant que j'avais
franchi le tas de bûches avec tant de facilité, et que je gagnais du terrain sur lui,
veut en faire autant. Il se lance à corps
perdu par-dessus les bûches et tombe à la
renverse, son chapeau roulant d'un côté
et ses souliers de l'autre , ainsi qu'un
couteau qu'il avait volé, la nuit précédente,
à la cure. Pendant qu'il se relevait, je ne
perdais point mon temps : je courais toujours, et, sautant par-dessus les haies et les
fossés, j'arrivai au chemin de la Danoterie,
qui est creux : je descends ce chemin ; je
laisse à gauche la maison du tailleur Joseph
David, qui venait de sortir du lit ; j'entre
à droite, chez le métayer Michel Daval ; je
prends un bâton pour mieux sauter les
fossés ; je traverse la maison ; je longe la
haie du jardin, qui était assez épaisse, et
j'atteins la digue du Motais, par laquelle je
me rends dans le bois de la Guénelaie.

» Cependant, Burban m'avait perdu de
vue ; néanmoins, il me poursuivait encore,
à la faveur de la rosée que j'avais abattue
sur l'herbe. Ce ne fut qu'au chemin de la
Danoterie qu'il perdit mes traces, et que,

grâce à une aventure assez plaisante, Dieu acheva de me soustraire à sa poursuite. Voici ce qui arriva.

» Le tailleur, Joseph David, qui m'avait vu passer si promptement devant sa maison, vint s'appuyer sur son *husset*, c'est-à-dire sur son avant-porte, en disant à sa femme : — « Je ne sais pas ce que nos prêtres ont à courir si fort, ce matin : voilà M. Orain qui passe bien vite. » Mais, tandis qu'il disait ces paroles, en regardant vers le bas du chemin, il entend quelqu'un accourir avec précipitation du côté du bourg : il tourne la tête, aperçoit Burban, et rentre épouvanté dans l'intérieur de la maison, en disant : — « Voilà un homme qui court bien fort ; que veut-il donc ? » Mais Burban l'avait remarqué, et, persuadé que c'était moi qu'il avait vu se retirer ainsi, il entre brusquement, en s'écriant : — « Où est-il ? Où est-il ? C'est lui que j'ai vu à cette porte ! — Hé ! qui cherchez-vous donc, lui dit la femme ? » Le tailleur, en l'entendant parler ainsi, était remonté sur son lit et en avait tiré les rideaux. — « Il est ici, reprend Burban, il est ici ; je l'ai vu à cette porte ! » Et il se met à fureter dans tous les coins de la maison, qui était fort petite, et n'avait qu'une porte et une fenêtre. Enfin, il ouvre les rideaux, et voit le pauvre tailleur, tout tremblant. Il le prend au collet, le tire à lui : — « Ah ! Ah ! te voilà pourtant, lui dit-il, c'est toi que je cherchais ; viens ici, tu es un calotin. — Mais non, dit la femme, c'est mon mari ; et qu'est-ce que vous lui voulez ? — Viens ici, c'est toi qui t'enfuyais, il n'y a qu'un moment ; tu avais une soutane, et tu l'as dépouillée. Viens avec moi. — Mais laissez-le donc, répétait la femme, c'est mon mari. » La femme tirait le bleu ; le bleu tirait le tailleur, qu'il amena jusqu'à la porte, et après l'avoir examiné au grand jour, il reconnut enfin qu'il s'était trompé.

» De là, il passe chez le métayer, Michel Daval, qui était appuyé sur son avant-porte, et écoutait tout ce vacarme. — « Ouvre-moi cette porte, dit Burban, je veux voir s'il est ici. — Viens, citoyen, répond Michel Daval, d'un air ferme et assuré, sachant bien que j'étais en sûreté ; mais je veux voir où tu porteras les mains. — Te défies-tu de moi ? Pour qui me prends-tu ? — Pour ce que tu es ; mais il ne m'est pas défendu de regarder ce que tu feras. » Après avoir cherché dans un appartement, il cherche dans l'autre, puis dans les écuries, puis dans le grenier. — « Eh bien !

as-tu cherché assez ? Vois-tu bien que je n'ai personne caché chez moi. » Déconcerté par cette assurance, Burban retourne encore vers le tailleur : — « Il faut, lui dit-il, que tu me remettes ce calotin : c'est ici qu'il a fondu, devant mes yeux. — Eh ! je ne l'ai point, reprend le tailleur ; vous ne m'en avez pas chargé. — Pourquoi, dit alors Burban, n'ai-je pas songé à tirer sur lui les deux pistolets que j'avais dans mes poches ! » Dans ce moment, la troupe arriva au bourg, tambour battant, et Burban alla la rejoindre, sans avoir pu me prendre.

« Pourrait-on ne pas reconnaître ici un soin particulier de la Providence, à mon égard, et ne pas voir un miracle continuel, dans tout le cours de cette aventure ? Comment, après avoir passé si près de moi, Burban ne m'a-t-il pas saisi ? Comment, ayant d'abord un compagnon dont l'aide aurait pu lui être si utile, s'en prive-t-il, pour l'envoyer chercher la troupe ? Pourquoi, en me poursuivant de toutes ses forces, ne m'atteint-il pas, et fait-il une chute dans un lieu que j'avais franchi si aisément ? Comment, après s'être relevé, et avoir retrouvé mes traces, vient-il à les perdre de vue, dans le chemin de la Danoterie ?

Comment, rendu à ce village, prend-il le tailleur pour moi, et perd-il son temps à fouiller dans les deux maisons? Comment, ayant sur lui deux pistolets, ne pense-t-il point à les décharger sur moi, lorsqu'il est à même de le faire, et n'y songe-t-il que lorsqu'il n'en est plus temps? Comment., dans toute cette affaire, n'étais-je nullement interdit, et possédais-je mon sang-froid, aussi bien qu'autrefois, dans les promenades du séminaire, lorsque je jouais aux barres? Oui, ce sont là autant de preuves d'une sollicitude vraiment miraculeuse de la bonté divine, en faveur d'un homme qui n'en était pas digne, ét c'est à elle que je suis redevable de ma conservation dans cette circonstance, comme dans toutes les autres. Que de motifs puissants qui doivent me porter à la connaissance!

» Du bois de la Guénelaie, où j'étais retiré, je pouvais distinguer, à l'aide d'une longue-vue, ce que faisaient les bleus dans le cimetière, où ils étaient réunis. Pour se consoler d'avoir manqué son coup, Burban entra dans l'église, et fit main-basse sur les bancs du seigneur, qui y étaient encore, et sur les vitraux qui avaient quelques armoiries ; après quoi, il s'en retourna à Blain, emmenant avec lui M. Giles Chatelier, qu'il avait surpris me faisant signe de fuir. Celui-ci aurait bien pu s'évader, mais il préféra se laisser prendre, afin d'éviter à ses parents les perquisitions et le pillage qu'ils auraient eu à subir. Pour moi, après le départ de la troupe, je me rendis à la chapelle de Saint-Joseph. Le peuple que je fis prévenir m'y suivit en foule, et je célébrai la sainte messe en actions de grâces pour la faveur que le Seigneur venait de m'accorder. M. Renaud s'était retiré jusqu'à Rieux.

» Le lendemain, on envoya, de Redon, un nouveau détachement de bleus, avec ordre de m'empêcher d'exercer les fonctions de mon ministère, et de me prendre, vu que ceux de Blain n'avaient pu le faire. Je m'étais rendu, dès le matin, au Dréneuc, afin d'y trouver M. Marchand, curé de la Chapelle-Heulin, qui y était caché. Nous sortîmes ensemble dans les bois, et nous entendîmes la troupe venir et s'arrêter au Pont-Fourché; et, peu de temps après, continuer sa route jusqu'à la croix de la Vieille-Ville, où ils se séparèrent. Une partie alla jusqu'à Blain, et l'autre vint, par les landes, au bourg de Fégréac, d'où les municipaux les distribuèrent dans divers villages de la paroisse. Mme Dumoustier,

fermière du château du Dréneuc , envoya
Allain, son domestique, au bourg, afin de
savoir où l'on cantonnerait les bleus, et demander qu'on lui envoyât, pour sa part, l'officier commandant le détachement : ce qui
fut exécuté. L'officier accepta et arriva vers
midi au château, où nous étions nous-
mêmes, M. Marchand et moi ; mais nous ne
portions plus l'habit ecclésiastique. Mme Bau-
regard m'avait affublé dans les vieux habits
de son défunt mari. Le commandant dîna
dans la salle, et l'on nous servit dans une
petite chambre voisine , qui n'en était
séparée que par une légère cloison, en sorte
que nous pûmes entendre tout ce qu'il disait.
L'après-midi, il retourna au bourg visiter
sa troupe. Pour moi, j'allai à Barisset, d'où
je me rendis, le soir, à Téhillac, où se trouvèrent réunis un assez grand nombre de
prêtres de nos environs , et j'y restai près
de huit jours, habitant tantôt chez M. Périe,
desservant de Téhillac, tantôt chez les parents de M. Renaud. Dès que je sus que les
bleus s'en étaient allés, je revins à Fégréac,
et j'allai baptiser , dans la chapelle du Dréneuc (1), un fils de mon frère, Jacques Orain,
de Villeneuve , qui était né depuis mon

(1) Chapelle Sainte-Anne.

départ, et qui fut nommé Julien. Pour m'y rendre, je m'étais déguisé en faneur, ayant un bissac sur l'épaule, une fourche et un râteau à la main. Mais je ne rencontrai aucune personne suspecte. Depuis ce jour, je restai toujours déguisé, sous les divers costumes du pays, et je ne revêtais l'habit ecclésiastique que pour les fonctions du saint ministère. »

Ce fut à cette époque que M. Renaud prit le parti de s'expatrier. Voici comment M. Orain rend compte de ce fait, dans un écrit différent de son Mémoire :

« Lorsque le décret qui ordonnait l'exportation des prêtres non-assermentés parut, le recteur, qui désirait que sa paroisse ne fut point abandonnée, en conféra avec le vicaire. Celui-ci témoigna le même désir, mais représenta qu'il serait néanmoins à propos que l'un d'eux obéit au décret, afin de se réserver pour un plus heureux avenir, s'il plaisait à la Providence de l'accorder; que deux échapperaient plus difficilement aux recherches dont on était menacé; et puis il ajouta qu'étant plus jeune, plus alerte et connaissant mieux les lieux, il se déroberait plus aisément aux dangers, que le recteur qui était plus âgé et nouvellement venu dans la paroisse; qu'au surplus, s'il venait à périr, le pasteur légitime resterait encore vivant et pourrait, l'occasion favorable étant revenue, pourvoir aux besoins des fidèles, avec une autorité incontestable. Le recteur se rendit à ces raisons, et passa en Espagne. »

Il n'est pas nécessaire de faire remarquer tout ce qu'eut de délicat, ce procédé du généreux vicaire. Resté seul, il se livra avec une nouvelle ardeur à l'accomplissement de sa rude tâche. On se ferait difficilement une idée du pénible genre de vie qu'il dut adopter ; constamment travesti sous divers costumes, sans demeure fixe, il parcourait incessamment sa paroisse ou les paroisses voisines. Dans les bons jours, cependant, il eut des lieux de refuge qu'il affectionna plus particulièrement ; ce fut, d'abord, le village de Barisset, voisin de la cure ; ensuite, ceux de la Câté et de la Brousse, moins suspects et moins exposés aux visites des patriotes ; enfin, celui de Villeberte, où il se fixa plus habituellement, lorsqu'il y eut construit la chapelle des Saints-Anges-Gardiens. Il y habitait une petite maison appartenant à la veuve Motreul, et qu'il avait appropriée à son usage. Elle avait deux petites pièces au rez-de-chaussée, l'une servant de cuisine, et l'autre d'écurie pour sa vache, qu'il avait conservée à cause de ses utiles services. Au-dessus était une autre pièce dont il faisait sa chambre à coucher et son salon de réception. L'une de ses nièces prenait soin de son modeste ménage et de ses frugals repas. Ses paroissiens s'empressaient de lui apporter quelques denrées, et, comme d'ailleurs il vivait de peu, il ne manquait de rien.

Mais dans les mauvais jours, malheureusement plus nombreux, son genre de vie était tout différent. Il habitait tantôt une extrémité de la paroisse, et tantôt une autre ; souvent il passait plusieurs nuits de suite dans les bois, n'ayant pour reposer ses membres fatigués que la dure. Les frères Jouan., dont nous parlerons plus tard, lui avaient creusé deux souterrains, l'un dans le bois de la Brousse, et l'autre dans celui de Brandy ; il s'y réfugiait quand l'intempérie des saisons ou des dangers imminents l'empêchaient de camper en plein air. Il n'approchait des maisons que s'il était sûr de ne compromettre personne ; et encore était-ce à l'improviste. Alors, il se jetait dans le premier lit qu'il trouvait libre, dormait quelques heures, et reprenait sa vie fugitive. Un témoin qui vit encore, rapporte que, n'ayant alors que six

à sept ans, il vit plus d'une fois M. Orain
venir, au milieu de la nuit, partager son lit
bien chaud ; ce qui, avoue-t-il, le mettait
d'assez mauvaise humeur, le nouveau venu
ayant les membres glacés.

Qui pourrait comprendre toutes les privations et toutes les fatigues attachées à
un pareil genre de vie ? Elles étaient encore accrues par les sollicitudes du saint
ministère et par les poursuites que les bleus
ne cessaient de diriger, contre le courageux
prêtre , de tous les districts environ-
nants et même de Nantes. Le bonheur qu'il
avait d'échapper sans cesse à ses ennemis
ne faisait que stimuler leur acharnement.
On peut dire sans exagération qu'il fut traqué comme une bête fauve dont la tête est
mise à prix. Nous n'avons point la prétention de raconter toutes ces persécutions.
M. Orain lui-même y a renoncé, et s'est
borné à conserver le souvenir de celles qui
font ressortir davantage les soins de la
Providence à son égard. En voici de nouveaux exemples :

« En 1798 , dit-il, après Pâques, j'eus
encore une vive alerte, dans le bourg.
C'était le matin, j'étais occupé à confesser
dans l'église , en attendant l'heure de la
messe. Mes sentinelles me prévinrent qu'un

détachement de soldats était parti de Redon et qu'il venait de nos côtés. Je les fis
observer, et l'on vint me dire qu'ils prenaient une autre direction ; je me rassurai
et je restai à confesser. Un instant après,
on m'avertit qu'une autre troupe arrivait
du côté du Broussay, par les villages ; puis
un autre m'annonce qu'ils étaient prêts
d'entrer dans le bourg. Je quitte aussitôt
le confessionnal, je mets ordre à tout, et,
sortant par la grande porte, je m'enfuis par
le chemin de la Donaterie, avec l'intention
de contourner le Tertre. Mais, dans ma
fuite, je me souviens que je n'ai point demandé à Dieu quelle route je devais suivre
pour me soustraire aux bleus. Je supplée à
cette omission par une fervente élévation
de cœur à Dieu. Aussitôt j'aperçois mon
Timothée, M. Rosier (1), qui, après être
descendu par la fontaine du bourg, courait
vers la digue. Pensant que je pouvais avoir
besoin de lui, je change de direction pour
le rejoindre. Ce fut fort à propos, car,
un instant après, je rencontrai le nommé
Guiho, de Trouhel, qui me dit, en passant

(1) M. Rosier fut le fidèle compagnon de M. Orain,
pendant toute la persécution ; c'est pourquoi il le nomme
son Timothée.

près de moi : — « Sauvez-vous, voilà les bleus qui vous suivent. » Je me détournai, et, en effet, deux cavaliers galopaient après moi, en criant : — «Arrête ! arrête !» Ils venaient précisément du lieu par où, d'abord, je voulais m'enfuir. Je ne pus m'empêcher de reconnaître encore là la sollicitude de la Providence à mon égard, et de lui en témoigner une vive reconnaissance.

» Tout en fuyant, je calculai le temps qui m'était nécessaire pour me rendre à la digue, et celui qu'il fallait aux cavaliers pour me rejoindre. Je vis que j'avais une avance suffisante, et que, même, mieux valait ne pas courir si fort, afin de pouvoir courir plus longtemps. J'arrivai au premier pont de la digue, qui était une planche fort étroite et très-incommode, placée sur une douve large et profonde. Je la franchis, et à l'instant même les cavaliers arrivent et veulent en faire autant; mais leurs chevaux s'y refusent. Voyant alors, à gauche, une belle verdure qui couvrait la surface de l'eau, et croyant que c'était de la terre ferme, il y lance son cheval qui s'y enfonce jusqu'au cou, et étend son cavalier dans le bourbier. C'est, je pense, dans cette circonstance qu'on m'a supposé plus de charité que je n'en avais, et assez de générosité pour aller retirer le cavalier et l'empêcher de se noyer. Le fait est que cela ne fut pas nécessaire; son camarade lui aida à se retirer; et, d'ailleurs, il n'y avait pas assez d'eau pour c'y noyer.

» Tandis que je parcourais péniblement cette digue, embarrassée par les personnes qui venaient à la messe, j'aperçus le second cavalier, qui me poursuivait, à pied, le sabre à la main, et criant sans cesse: — « Arrête! arrête! » et il reprochait aux bonnes gens de ne le pas faire. Ceux-ci ne répondaient rien, tant ils étaient effrayés. Enfin, j'arrivai au bout de cette méchante digue, et j'y trouvai deux bons vieillards, Joseph Bourneuf, de Ravily, et Michel Mesnager; ils se tenaient au coin d'une haie, spectateurs de ce qui se passait. Je leur donnai mission d'amuser le cavalier, ce qu'ils firent très-exactement et d'une manière très-plaisante. Etant arrivé près d'eux, le bleu leur cria : — «Arrêtez! arrêtez! » et comme ils n'en firent rien, il leur dit d'un ton menaçant : — « Pourquoi n'avez-vous pas arrêté ce calotin ? — Ce calotin, répondit le bonhomme Bourgneuf, d'un air peu pressé, eh! il n'a point de soutane. — Mais, malgré cela, ne vois-tu pas que c'en est un ? — Celui-là un calotin ! ah ! tu ne t'y connais encore guère. — Eh bien !

qu'est-il donc ; et pourquoi court-il ainsi ?
— Ecoute, mon citoyen, que je te parle :
tiens, prends une prise de mon tabac, et je
vais te dire ce qu'il en est : C'est un citoyen qui en a fait courir bien d'autres que
toi, inutilement et pour leur jouer des tours.
— Eh bien ! je m'en vais le prendre et le
sabrer. — Où veux-tu donc aller, citoyen,
toi, tout seul ?... Sais-tu ce que tu trouveras là-bas ?... Dam ! je ne réponds de
rien... Tiens, crois-moi, ne vas pas te four-
rer dans ces bois-là ;... te voilà seul ; ta
troupe est loin, jusqu'au bourg ; qui est-ce
qui viendra à ton aide ?.. Prends encore une
prise de mon tabac... Retourne d'où tu
viens ; c'est le plus sûr pour toi....» Le bleu
suivit le conseil qu'on lui donnait, et il fit
bien ; j'avais eu soin de prendre beaucoup d'avance sur lui, et de me retirer
dans le bois de la Guénelaie.

» Pendant ce temps-là, la troupe arriva
dans le bourg, et se répandit dans les
environs, cherchant des prêtres et des
conscrits, et n'oubliant pas de fouiller tous
ceux qu'ils rencontraient, sous prétexte
qu'ils pouvaient avoir des cartouches dans
les poches ; mais en réalité pour visiter
leurs bourses, et s'emparer de tout ce
qu'elles contenaient. Ils prétendaient que

tous étaient des chouans, même les femmes ;
et ils leur prirent tout leur argent. Après
quoi, ils quittèrent Fégréac, et se dirigèrent
vers Avessac. Je les fis suivre de loin et
observer avec soin ; et lorsque je fus assuré
qu'il n'en restait plus aucun, je revins à
l'église dire la sainte messe, en actions de
grâces, et je continuai de confesser comme
avant, sans qu'il en résultat aucun incon-
vénient. »

« Voici encore un autre aventure qui
m'arriva pendant l'été, et où je reconnus
que la Providence prenait soin de moi, bien
plus que je ne le méritais.

» J'avais été prévenu que les bleus devaient venir faire une perquisition dans la
paroisse ; c'est pourquoi je dis la messe de
grand matin, afin d'être plus libre, et je
revins à Barisset, où l'on ne tarda pas à
m'avertir qu'on voyait les soldats sur la
chaussée de Pontminy, et qu'ils passaient
la rivière en bateau. Je me mis alors en
route avec M. Rosier, dans l'intention de
me retirer par la croix de la Cabrais, dans
le bois de la Brousse. Chemin faisant, nous
rencontrâmes Pierre et François Jouan,
qui étaient des requis (1), et qui fuyaient

(1) On désignait alors sous ce nom, les conscrits qui
refusaient d'obéir à la loi dite de la réquisition.

également. Ils nous conseillèrent d'attendre un autre jeune homme, appelé Pierre Guiton, que nous apercevions venant grand train vers nous, afin, disaient-ils, de savoir de lui que penser des bleus que l'on avait vus passer à Pontminy. — « Attendez-le, si vous le voulez, leur dis-je, pour moi, je ne me trouve pas en sécurité ici, et je m'en vais dans le bois de la Brousse. » A peine y étions-nous arrivés, que nous vîmes nos jeunes gens accourir à toutes jambes vers nous; ils nous apprirent, qu'à peine les avions-nous quittés, et pendant qu'ils s'entretenaient avec Guiton, une troupe de bleus était arrivée derrière eux, par la mare de la Guénelaie; mais, qu'heureusement, ils avaient pu se cacher assez à temps pour les éviter, dans des buissons, et qu'ils venaient nous rejoindre. Mais comme, en ces circonstances, on ne se croit jamais en sûreté au lieu où l'on est, et que l'on présume toujours être mieux ailleurs, ils nous laissèrent bientôt nous enfoncer dans le bois de la Brousse, et prirent le parti d'aller se réfugier dans celui de la Tisonnais. Mais, comme ils s'y rendaient, ils aperçurent encore des bleus, dans la lande du Broussay, et il leur fallut courir de nouveau pour les éviter et se rendre à leur destination, où ils trouvèrent enfin un asile sûr.

» Quant à nous, peu de temps après le départ de ces jeunes gens, nous entendîmes les bleus passer le long de notre bois, par troupes successives ; d'autres en firent le tour par l'avenue, et tous tenaient des propos fort peu rassurants. — « Voilà, disaient-ils, des bois où il serait très-facile de se cacher ; il pourrait bien y avoir, là-dedans, quelques calotins. » Nous nous retirâmes alors dans les fourrés les plus épais, où nous étions à même de faire des réflexions, de réciter le bréviaire et le chapelet, et de composer des cantiques, car c'était là notre unique occupation.

» Vers les trois heures de l'après-midi, nous entendîmes le tambour battre à Fégréac ; c'était un rappel, qui bientôt fut suivi d'une marche dans la direction de Redon. Nous nous crûmes alors délivrés ; mais un instant après, nous fûmes fort surpris d'entendre encore un autre rappel et une autre marche. Ne sachant ce que cela signifiait, nous jugeâmes prudent d'attendre encore dans notre cachette ; et, en effet, à deux nouvelles reprises, des rappels et des marches furent encore battus au bourg : — « Cela ne finira jamais, disions-

nous ; que se passe-t-il donc ? » Nous
jugeâmes au bruit du tambour, que l'une
de ces troupes se dirigeait vers Pontminy; quant aux autres, nous ne pûmes
distinguer quelles routes elles prenaient.
Mais nous nous contentâmes de leur sou-
haiter un bon voyage et un tardif retour,
et nous continuâmes de rester dans notre
retraite, de peur d'être rencontrés par des
traînards. Enfin nous entendîmes la voix
de la bonne mère Pajot, qui rôdait autour
du bois. Nous comprîmes parfaitement ce
qu'elle voulait, et nous nous empressâmes
de nous rendre près d'elle. Elle nous apprit
d'abord que tous ces soldats étaient partis,
chose la plus rassurante pour nous. Elle
nous dit ensuite que ces différentes troupes
étaient venues, les unes de Redon, les
autres de Savenay, de la Roche-Bernard,
de Blain, de presque partout; qu'ils étaient
au nombre de plus de six cents hommes ;
qu'ils avaient battu la paroisse dans tous
les sens, cherchant des prêtres et des requis,
et qu'ils n'avaient pris personne, mais seulement beaucoup de pain et de lard.

» Ils étaient allés, en effet, chez une
femme du village de Gras, et lui avaient demandé si elle n'avait ni prêtre ni requis chez
elle. Sur sa réponse négative : — « Voyons,

dirent-ils, si tu ne mens pas ; » et ils se mirent à fouiller le rez-de-chaussée. L'un d'eux apercevant une échelle se dispose à monter au grenier. — « Ah! mais, dit la femme, n'allez pas prendre mon lard qui est là haut.
Non, non, ma bonne femme, répondirent-ils, ne crains pas; c'est juste ce qu'il nous faut. » C'est pourquoi ils montèrent tous, les uns après les autres, au grenier, et prirent le lard de cette pauvre femme jusqu'au dernier morceau. En s'en allant, ils lui disaient avec ironie : — « Sois tranquille, ma bonne femme, nous empêcherons bien que d'autres ne viennent vider ton charnier, foi de républicains ! »

» La même année 1798, vers Noël, les patriotes, irrités de voir que je continuais toujours mes fonctions, allèrent jusqu'à Nantes se plaindre de la négligence des autorités de la commune, et même de celles de Redon et de Blain, qui ne savaient m'empêcher d'enfreindre les lois de la république, et laissaient, disaient-ils, régner dans la paroisse, le trouble et le désordre. Sur cette plainte, on envoya de Nantes des troupes qui devaient arriver à Fégréac le jour même de Noël. Lorsque j'en fus prévenu, j'avais déjà désigné la chapelle de Saint-Armel, comme devant être le lieu

où se feraient les offices, pendant ces fêtes.
Je me rendis néanmoins, la veille au soir,
dans les maisons voisines, afin d'y confesser
les fidèles ; et, tout bien examiné, je jugeai
que je pouvais ne rien changer à mes dispositions, si ce n'était d'attendre le jour,
afin que mes sentinelles pussent voir plus
facilement au loin. Les choses se passèrent
comme je l'avais pensé ; je célébrai sans
accident tous les offices de la fête ; mais le
soir, comme les bruits de l'arrivée des
bleus s'accréditaient de plus en plus, je
revins, avec mon Timothée, M. Rosier, coucher à Barisset.

» Il était trois heures après minuit, lorsqu'Alexandre Chaumet, de Pontminy, vint
frapper à notre fenêtre, et nous prévenir
que les bleus passaient la rivière et qu'ils
se rendaient au bourg. A cette nouvelle,
nous nous levons, et après avoir demandé
à Dieu ce que je devais faire, je me décidai
à aller à la Ponais, chez mon oncle Julien
Rialain. Je le réveillai et je lui racontai ce
qui m'amenait vers lui. Dès la pointe du jour,
nous envoyâmes à diverses reprises, des
personnes au bourg, prendre des informations. Toutes y allaient, mais aucune n'en
revenait, de sorte que nous ne savions que
penser, et à quoi nous en tenir. Après

4

avoir attendu longtemps inutilement, une
fille, nommée Louise Mercerais, du Bas-
Village, forte et bien décidée, nous dit:
— « Puisque personne ne revient du bourg,
je vais y aller à mon tour, et soyez bien
sûrs que je reviendrai vous en donner des
nouvelles. » Elle y va, en effet, y entre
facilement, et rencontre les premiers envoyés de qui elle apprend qu'on les a bien
laissés entrer, mais qu'on ne veut plus leur
permettre de s'en retourner. — « Oh ! je
m'en retournerai bien, moi, dit-elle. »
Cela dit, elle entre dans une maison, emprunte un vase à puiser de l'eau, et se
dirige vers la fontaine voisine du bourg.
Une sentinelle veut l'arrêter : — « Où vas-tu?
reste ici : on ne sort pas. — Mais, ne
faut-il pas bien, répond cette fille, avec fermeté, que j'aille te chercher de l'eau, pour
te faire la soupe, à toi et tes camarades? ne
seras-tu donc pas content d'en manger ? »
Sur cette observation, on la laisse passer;
mais elle ne reparut pas. Se glissant le
long des haies, vers le pont de Flandre,
elle revint à la Ponais nous apporter les
nouvelles que nous attendions avec grande
impatience. D'après son rapport, je vis que
les bleus attendaient l'arrivée des officiers
municipaux, afin d'avoir d'eux, des rense-

gnements sur l'état de la paroisse ; et comme je connaissais parfaitement les sentiments de ceux-ci, je conclus que je pouvais rester tranquille et faire mes offices. Un grand nombre de personnes, en effet, ayant su que j'étais à la Ponais, y étaient accourues, dans l'intention d'assister à la messe, parce que c'était le second jour de la fête. Non-seulement je dis la messe, mais je chantai les vêpres; et, le lendemain, j'en fis encore autant.

» Pendant ce temps-là, le commandant des bleus fit venir l'agent François Sérot, de la Rivière ; l'adjoint Julien Néguignen, du Bas-Village, et quelques autres membres du conseil municipal. Il commença par leur faire de graves reproches, de ce qu'au mépris des lois de la République française, ils souffraient qu'un prêtre exerçât ses fonctions dans la commune. Il ajouta que les prêtres étaient des perturbateurs du repos public... qu'ils étaient la cause de tous les maux... etc., etc.... Mais les officiers municipaux, sans lui dire s'il y avait, ou non, des prêtres dans la paroisse, lui représentèrent qu'il n'y avait pas, dans tout le département, de commune plus paisible que Fégréac...; qu'aucune mauvaise affaire n'y avait jamais eu lieu...; que les républicains y étaient venus, de nuit et de jour, en grand et en petit nombre ; qu'il ne leur était jamais arrivé aucun mal, et qu'ils n'y avaient rien trouvé à blâmer...; que tout ce qu'on lui avait rapporté de Fégréac était absolument faux, et qu'il ne pourrait articuler aucun grief dont ils ne se fissent fort de lui démontrer la fausseté. A ces raisons, les officiers municipaux ajoutèrent tant d'honnêtetés et firent si bon accueil à la troupe, que le commandant ne fit aucune fouille dans la paroisse. Il dit seulement qu'il était informé de l'existence d'une chapelle neuve (1), couverte en paille, et qu'il avait ordre de la démolir ou de l'incendier. Les officiers municipaux lui montrèrent, de la porte de l'auberge où se tenait le conseil, la chapelle de la Magdeleine, qui était toute délabrée, et lui dirent que c'était apparemment celle dont on lui avait parlé. Ils l'amusèrent ensuite de leurs contes, lui donnèrent à boire, le réchauffèrent à un bon feu, car le froid était piquant, et firent si bien, qu'il se contenta de ce qu'ils lui dirent. Quelques jours après, il retourna à Nantes, rapporter qu'il n'avait point trouvé de prêtre à Fégréac, et

(1) Il sera parlé plus tard de cette chapelle.

que la commune était dans le meilleur état qu'on pût désirer. »

Qui n'admirerait, dès ces premiers traits, la courageuse conduite du saint prêtre, et l'humble simplicité avec laquelle il la raconte. Mais qui ne serait frappé par-dessus tout, de cette confiance pleine et entière avec laquelle il s'abandonne à la Providence, et de la merveilleuse sécurité que cette confiance lui inspire ? Comment, par exemple, pendant que, dans le bois de la Brousse, il est cerné par plus de six cents hommes qui le cherchent de toutes parts, qu'il entend leurs pas et leurs menaces, il peut dire « qu'il était à même » de faire des réflexions, de réciter le bré- » viaire et le chapelet, et de composer » quelques cantiques ! » Comment encore, lorsque les troupes venues de Nantes, jettent l'émoi dans toute la paroisse, il ne craint pas de célébrer les fêtes de Noël, à quelques pas d'elles, deux jours de suite, et avec grand'messe et vêpres ! Nous nous bornerons à faire ces observations, une fois pour toutes ; elles se présenteront assez d'elles-mêmes dans la suite de ces récits.

« Un jour d'été — c'est encore M. Orain qui parle — j'avais été prévenu qu'on devait faire une perquisition très-rigoureuse dans tous les lieux où je me retirerais. C'est pourquoi, après avoir mis ordre à mes affaires, et examiné devant Dieu ce que je devais faire, je pensai que, pendant que les bleus feraient leurs recherches, je devais aller travailler en quelqu'endroit sûr. Je fis donc un paquet de divers objets, et, l'après-midi, je me retirai, en compagnie de M. Rosier, dans le bois de Beaumont, où nous récitâmes le bréviaire et nous nous occupâmes, en attendant la nuit. La bonne femme Pajot nous y apporta à souper, à l'heure que nous lui avions indiquée ; après quoi, elle alla se coucher dans sa petite maison de Barisset, où rien ne troubla son sommeil. Pour nous, nous nous décidâmes à sortir du bois, après le coucher du soleil, et à nous éloigner encore, du côté de Henrieux et de Roz. Pour cela, il fallait traverser le chemin par lequel les bleus devaient venir. Je ne voulais pas le faire au bourg ni à Flandre, où j'aurais été plus exposé à les rencontrer ; c'est pourquoi je dirigeai ma route en ligne droite, à travers les champs et les bois, et nous vînmes camper sur le bord de la grande route, dans un petit bosquet, au-dessous de l'hôtel Denis.

» Là, nous prêtâmes l'oreille, et il nous sembla entendre marcher ; puis, lorsque le bruit des pas eut cessé, nous franchîmes le chemin et, nous glissant le long des haies, par les prairies, nous atteignîmes la digue, et nous nous rendîmes au lieu où nous voulions aller. J'y passai la nuit à visiter des malades, à les administrer et à les confesser, et, le lendemain matin, je retournai à Barisset, où j'appris que les bleus étaient venus ; que c'était eux que j'avais entendus sur la grande route ; qu'ils avaient fait des perquisitions très-sévères au bourg, à Pontminy, à la Provôtais, à Trégrand et à Barisset, où ils avaient visité toutes les maisons, excepté celle de la bonne mère Pajot. Ils avaient ainsi passé toute la nuit à ma poursuite ; et, le matin, n'ayant rien trouvé, ils s'en étaient retournés. C'est ainsi que la Providence déjoua encore tous leurs projets, malgré leur ruse et leur fureur contre la religion et les prêtres ; et que Dieu montra qu'il sait, quand il le veut, rendre inutiles et vains, les efforts de ses ennemis. *Et mentita est iniquitas sibi* (1). »

Autre fait.

« Pendant la semaine Sainte, en 1799, croyant pouvoir compter sur un peu de sé-

_____

(1) L'iniquité s'est trompée elle-même.

curité, je me décidai à faire les offices à
l'église. Mais, le Jeudi-Saint, un détachement de bleus se présenta à Pontminy,
dans l'intention d'y passer l'Isaac, et de se
rendre, de là, au bourg. J'en fus averti, et
comme les habitants avaient retiré les bateaux sur la rive opposée, les bleus ne
purent effectuer leur passage, et j'eus le
temps de faire mes offices, matin et soir,
et de mettre tout en sûreté. Le détachement remonta la rivière, dans l'espoir de
rencontrer d'autres bateaux ; mais n'en
ayant point trouvé, ils disparurent ; nous
crûmes qu'ils s'en étaient retournés, et nous
restâmes fort tranquilles. Le danger n'était
cependant pas éloigné. Pendant la nuit, ces
mêmes bleus, profitant d'un beau clair de
lune et de quelques bateaux du village de
Réteau, en Guenrouët, passèrent le marais
et la rivière, et vinrent débarquer à la
Câté, précisément dans le village où j'avais
alors coutume de coucher, et au moment
où, d'ordinaire, je m'y rendais. Ils n'y
firent point de perquisition, mais ils empêchèrent les habitants de sortir de leurs
maisons, et même d'ouvrir leurs portes et
leurs fenêtres ; puis ils vinrent au bourg et
firent une fouille minutieuse dans toutes
es maisons, et particulièrement dans celle

où je couchais quand je restais au bourg.
Ils y surprirent Guillaume Chauvel, neveu
du propriétaire, Joseph Chauvel, quoiqu'il
se fut parfaitement caché, dans le grenier,
derrière un tas de foin.

» Je n'aurais certainement pas manqué
d'être pris moi-même, dans l'un de ces
deux endroits, sans une disposition particulière de la Providence qui veillait sur moi,
pour le bien des âmes, et sans aucun mérite
de ma part ; car Dieu, qui voulait encore se
jouer des vains projets des républicains,
ses ennemis déclarés, m'avait fait prévenir,
le jour même, d'aller visiter une personne
dangereusement malade, à Saint-Nicolas ;
et comme le voisinage de Redon rendait ce
voyage périlleux, je l'avais remis à la nuit.
Ce fut à cette circonstance que je dûs ma
conservation.

» Je partis le soir, en compagnie de mon
Timothée, M. Rosier ; nous fîmes notre
course tranquillement, à la faveur du clair
de lune, et nous revînmes vers trois heures
et demie du matin. En descendant au ruis-
seau de Flandre, nous crûmes entendre du
bruit au bourg, et, quittant la grande route,
nous vîmes à travers les champs et les
prés, jusque dans le cimetière, et, nous
étant avancés vers la grande porte de l'é-

glise, nous aperçûmes un vaste brasier, près de la croix de pierre. Ce spectacle inattendu m'effraya grandement, ne sachant ce que signifiait ce brasier ; nous traversâmes le bois du cimetière, et nous nous retirâmes sur les Bossettes(1), afin de réfléchir. Là, nous entendîmes quelques femmes qui s'entretenaient à voix basse. J'envoyai M. Rosier prendre des informations près d'elles. Elles furent fort surprises de nous voir en ce lieu et à cette heure, et elles nous apprirent que les bleus venaient, à l'instant même, de sortir du bourg, où ils avaient fouillé toutes les maisons. Et, en effet, prêtant l'oreille, nous les entendîmes encore, à quelque distance, qui se retiraient du côté de Pontminy, où il passèrent l'Isaac au moyen des bateaux du bac.

Je reconnus, là encore, bien visiblement, le doigt de Dieu qui m'avait envoyé à l'extrémité la plus tranquille de la paroisse, pendant que celle où j'aurais infailliblement été pris, était si subitement envahie et si rigoureusement fouillée. Je ne pouvais me lasser d'admirer comment la Providence avait disposé toutes les circonstances de cet événement, de manière à me faire quit-

(1) Monticule séparé du cimetière par un ravin.

ter le lieu du danger au moment où il devenait plus imminent pour moi, et à ne m'y
faire revenir qu'à celui où il disparaissait.
Aussi ai-je toujours été sensiblement frappé
de ce trait, et n'ai-je cessé d'en remercier
Dieu. Ce fut alors pour moi un nouveau
motif de m'appliquer avec zèle à me rendre
utile aux bonnes âmes qui réclamaient le
secours de mon ministère. »

En terminant ce chapitre, nous exami-
nerons un fait de la vie de M. Orain, qui a
été diversement interprété, et que son importance rend digne d'une étude impartiale
et approfondie. Nous le trouvons rapporté
très au long dans les *Lettres Vendéennes*
(t. II, Lettre XLII). Le noble auteur de cet
intéressant ouvrage nous apprend lui-même
qu'il lui fut raconté, sur la route de Nantes
à Vannes, par un compagnon de promenade et que, pressé de reposer son âme
des sanglantes horreurs qu'il avait mandées
dans ses lettres précédentes, il se hâta de
redire, dès le lendemain, ce trait sublime.

D'après le récit qui lui fut fait, M. Orain
aurait été surpris dans son église, au milieu
d'une solennité religieuse, et poursuivi par
deux dragons jusqu'à une petite rivière
qu'il aurait passée à la nage. L'un des dragons s'y serait précipité à sa suite. Mais

bientôt M. Orain, averti par des cris de détresse, revint sur ses pas, et du haut d'un coteau, vit son persécuteur se débattre au milieu des eaux et, ne pouvant lutter contre elles, prêt à y être englouti. Avec la même vîtesse qu'il avait mise à se sauver lui-même, il redescend le flanc de la colline pour arracher le républicain à la mort. Parvenu au bord de la rivière, il s'y jette de nouveau, il plonge et replonge encore pour saisir le malheureux qui s'y noie; enfin il reparaît sur l'eau et ramène au rivage le corps glacé du dragon. Il le réchauffe, il lui rend la vie; un colloque touchant s'engage ensuite entre le soldat et son bienfaiteur. Le premier rejoint ses compagnons d'armes, et le second reprend sa fuite.

Tel est, en substance, le récit de M. le vicomte Walsh. Depuis lui, le même fait a été rapporté dans plusieurs autres ouvrages d'histoire ou de piété, soit conformément au texte précité, soit avec des variantes qui n'en altèrent pas le fond. Mais, d'un autre côté, on a pu remarquer que M. Orain parlant de la poursuite dont il fut l'objet dans le marais du Motais, où l'un des cavaliers s'enfonça avec son cheval, au milieu d'un bourbier, dit : « C'est, je pense, dans

» cette circonstance qu'on a eu occasion de
» me supposer plus de charité que je n'en
» avais, et assez de générosité pour aller
» l'en retirer et l'empêcher de se noyer.
» Mais le fait est que cela ne fut pas
» nécessaire ; car, son camarade lui aida
» à se retirer ; et, d'ailleurs, il n'y avait
» pas assez d'eau pour s'y noyer. »

Le témoignage de M. Orain ne contredit-
il pas directement celui de M. Walsh ?
Plusieurs l'ont cru ; et c'est ce que nous
avons dû examiner attentivement ; car, si
l'événement est vrai, il constitue un acte
d'héroïque charité, et fait trop d'honneur à
son auteur pour qu'il puisse être passé sous
silence ; et s'il est faux, il ne doit être
admis, sous aucun prétexte, dans cette
histoire.

Afin d'arriver à la vérité, nous avons
d'abord prié l'un de nos confrères, M. l'abbé
Vrignaud, chargé de l'enquête sur la vie de
M. Orain à Fégréac, de s'informer avec un
soin particulier de ce fait ; et voici ce que
nous lisons dans le compte-rendu de cette
enquête dont il n'est pas inutile, d'ailleurs,
de constater l'authenticité :

« Dans le travail qui suit, je me suis
appliqué à répondre à la confiance que m'a
témoigné M. l'abbé Cahour, au nom de

Monseigneur l'évêque de Nantes ; qui désire voir publier la vie de M. Orain , l'un
de mes prédécesseurs dans le vicariat de
Fégréac. Aussi puis-je dire n'avoir rien
négligé pour m'assurer de l'authenticité des
faits que je rapporte. J'ai fait publiquement appel à nos vieillards , qui , au seul
nom de M. Orain , se sont trouvés comme
électrisés , et , après avoir conféré entre
eux de leurs souvenirs , sont venus me les
communiquer à la cure. Je suis allé moi-
même trouver à domicile les plus âgés et
les plus infirmes : je les ai interrogés et
écoutés , j'ai pris des notes sous leur dic-
tée, et je me suis donné la peine de retourner plusieurs fois les voir, quand cela
était nécessaire pour obtenir de nouvelles
explications. Malheureusement, ils sont aujourd'hui peu nombreux. Malgré cela , j'ai
pu en interroger plus de quarante , âgés de
soixante-quinze à quatre-vingt-cinq ans.
Cette enquête a duré plus de deux mois, et
m'a fait à moi-même un bien infini : j'étais
comme embaumé par le récit des suaves
vertus du saint prêtre. J'aurais pu raconter
plusieurs autres anecdotes ; mais le défaut
de mémoire de quelques témoins, et le peu
de suite dans les détails qu'ils donnaient,
m'ont déterminé à les sacrifier. »

Arrivant à la question qui nous occupe, M. l'abbé Vrignaud continue :

« Un premier fait m'a frappé : c'est que toutes les traditions de la paroisse, tous les renseignements qui me sont parvenus, et particulièrement ceux des vieillards dont j'ai reçu les témoignages, sont unanimes à attribuer à M. Orain le salut d'un bleu qui se noyait, en le poursuivant. Mais tous ne s'accordent pas sur le lieu où ce fait s'est accompli. Les uns le placent à la digue du Motais ; mais ce sont les moins bien informés. Il est impossible, d'ailleurs, en présence de la dénégation de M. Orain et des circonstances qu'il raconte, de persister dans cette opinion. Et comme, d'un autre côté, le courageux prêtre a été souvent poursuivi sur cette digue, et que le fait du cavalier embourbé s'y est passé, il n'est pas surprenant qu'on ait confondu ce lieu avec un autre plus éloigné du bourg et plus isolé.

» D'autres, en effet, placent cet événement à deux kilomètres du bourg, dans le marais de l'Etrie, près du village de Barisset et de l'ancienne cure. Ces témoins sont les plus graves ; plusieurs tiennent leur récit de témoins oculaires. J'en citerai deux, entre autres : Le premier est Joseph Mer-

cerais, âgé aujourd'hui de 64 ans, ancien
domestique de Pierre Jouan, de Barisset,
qui fut, avec son frère, François Jouan,
spectateur et acteur dans ce drame. Joseph
Mercerais affirme tenir les détails qu'il rapporte, de son ancien maître lui-même, auquel il les a souvent entendus raconter. Le
second témoin est Julienne Jouan, fille de
ce même Pierre Jouan, née, mariée et do-
miciliée à Barisset, et âgée de 62 ans. Elle
atteste également tenir le fait de son père,
et de M. Rosier, le compagnon fidèle de
M. Orain. M. Rosier et les frères Jouan sont
dignes de toute confiance. (Nous connaissons déjà le premier; nous aurons bientôt
occasion de faire connaître plus particulièrement les seconds.) Quant à Julienne Jouan
et Joseph Mercerais, leur âge et leur caractère ne permettent pas d'élever le moindre
doute sur la sincérité de leur témoignage.
Pour le comprendre, il est nécessaire de
savoir que le marais de l'Etrie est situé sur
le bord de l'Isaac et forme une anse rentrant dans les terres. Sur sa rive nord,
sont situés le village de Barisset avec ses
jardins, quelques champs et l'ancienne cure
baignant dans l'Isaac; sur sa rive sud, s'é-
lève le coteau de la Câté, alors, comme
aujourd'hui, couvert de bois.

» M. Orain, disent les témoins, avant de
» célébrer la messe , non à la chapelle de
» la cure, mais dans une maison du village,
» dit à Pierre Jouan et à son frère François,
» qui travaillaient dans un champ, de veil-
» ler et de l'avertir au besoin. Bientôt après,
» trois bleus paraissent, se dirigeant vers
» Barisset. Aussitôt, l'un des jeunes gens
» quitte le champ et va avertir M. Orain,
» qui ne peut prendre la fuite que quelques
» minutes avant l'arrivée des soldats. Dans
» sa course, il traverse les champs, se jette
» dans le marais de l'Etrie, qui était coupé,
» dans toute sa longueur, par une douve
» large et profonde , il franchit lestement
» cet obstacle et disparaît dans le bois de la
» Câté. Pendant ce temps, les bleus étaient
» entrés dans le village ; mais l'un d'eux
» s'étant détaché pour en faire le tour du
» côté du marais, aperçut M. Orain qui le
» traversait et se mit à sa poursuite, en
» suivant le même chemin que lui. Mais
» arrivé à la douve, soit qu'il ne l'eût point
» remarquée, couverte qu'elle pouvait être
» par les eaux que déversait l'Isaac ; soit
» qu'il n'ait pu la franchir, il y tombe, sans
» pouvoir s'en retirer, et appelant au
» secours. Averti par les cris perçants
» qu'il poussait, M. Orain, qui n'avait pas

» encore quitté le bois, observe ce qui se
» passe, et aperçoit le pauvre soldat faisant
» de vains efforts pour atteindre le bord.
» N'écoutant alors que son grand cœur, il
» rentre aussitôt dans le marais, et vole au
» secours de celui qui voulait lui arracher
» la vie, lui tend une branche d'arbre,
» puis la main, le tire de l'eau au moment
» où il allait périr, et, après lui avoir
» adressé quelques paroles bienveillantes,
» il rentre dans le bois de la Câté. Quant
» au soldat, ses compagnons qui arrivaient
» sur l'autre rive, ne tardèrent pas à le
» rejoindre, et ils l'emmenèrent avec eux.

» Mon père, ajouta Julienne Jouan,
» s'était avancé, pendant ce temps-là,
» jusque sur le bord du marais, d'où,
» abrité par une haie, il fut témoin de
» toutes les circonstances du sauvetage, et
» vit parfaitement M. Orain revenir vers le
» soldat et le retirer de la douve. » De son
côté, Joseph Mercerais, présent lorsque
Julienne Jouan répéta sa déposition,
ajouta : « Ce même bleu que M. Orain eut
» la générosité de sauver, a été, m'a assuré
» votre père Pierre, gendarme à Derval,
» lorsqu'après la Révolution, M. Orain y fut
» nommé curé.

» Joseph Mercerais n'est pas le seul à

déposer de cette dernière circonstance — c'est M. l'abbé Vrignaud qui reprend — car un autre témoin, Joseph Bocquel, âgé de quarante ans, m'a déclaré qu'étant fort jeune, à Derval, il avait appris d'un très-honnête homme de la localité, qu'il avait connu ce gendarme, et qu'il l'avait entendu raconter comment il avait été sauvé par M. Orain. « Autrefois, disait-il, j'ai été soldat de » la République, et je fus envoyé à Fégréac » pour prendre M. Orain. Il saute une » douve, je voulus la sauter à mon tour; » mais j'y tombai et, assurément, je m'y » serais noyé, s'il n'avait eu la bonté de me » tendre la main. Je n'ai pas osé lui rap- » peler ce fait; mais s'il m'en parlait, je lui » en ferais sincèrement l'aveu. » Plusieurs autres témoins parlent également de l'existence de ce gendarme à Derval, dans les années qui suivirent la Révolution. Si M. Orain a reconnu cet homme, et ne lui a pas rappelé le service qu'il lui avait rendu, c'est certainement par un sentiment de cette exquise charité dont il usa toujours à l'égard de ses anciens ennemis, et par cette humilité profonde qui le portait à cacher à sa gauche le bien que faisait sa droite.

Après les témoignages que nous venons de rapporter, est-il besoin d'ajouter que nous avons voulu visiter nous-mêmes les lieux à plusieurs reprises, et interroger les témoins ? Un jour, entre autres, nous priâmes Julienne Jouan de nous conduire sur le terrain, et de nous indiquer comment chacune des circonstances s'était accomplie. Elle le fit de très-bonne grâce. S'arrêtant dans le champ que labouraient les deux frères Jouan : « Mon père, dit-elle, conduisait ici sa charrue, lorsque levant les yeux, il aperçut les bleus qui venaient par la lande (côté de l'est). Aussitôt, mon oncle François court avertir M. Orain, qui se trouvait dans cette petite maison (côté de l'ouest), et celui-ci, passant près de la chapelle de la cure, gagna le marais. C'est alors que mon père remarqua le bleu qui le poursuivait, et s'avança dans le champ que voici. Il se plaça derrière la haie du fossé, sur le bord du marais, et vit tout ce qui se passait. Vous pouvez distinguer aisément vous-même, ajouta-t-elle, et le marais, et le bois de la Câté, ainsi que la douve qui les sépare. » En effet, les lieux n'ont pas notablement changé, dans ce village retiré, et leur parfait accord avec les témoignages cités, imprime à ces derniers un cachet de vérité, dont il est impossible de n'être pas frappé. »

Non-seulement donc il est hors de doute que le digne prêtre de Fégréac a sauvé la vie à l'un de ses ennemis qui le poursuivait pour lui donner la mort; mais il est incontestable que cet événement s'est accompli dans le marais et la douve de l'Etrie. De là découlent deux conséquences faciles à déduire. La première est l'héroïque charité du saint prêtre, la seconde est son humilité non moins admirable.

Il est impossible, en effet, de voir dans l'observation qu'il a insérée dans son Mémoire autre chose qu'une réticence sur un événement dont le mérite et l'éclat effrayaient sa modestie, et un effort pour le confondre avec un autre moins flatteur pour lui. « Je *pense*, dit-il, en racontant le fait du Motais, que c'est dans cette circonstance qu'on a eu occasion de me prêter plus de charité que je n'en avais. » Il pouvait le penser, en effet, puisqu'on l'avait dit et écrit. Mais cela ne prouve pas que le fait en lui-même soit faux et qu'il ne se soit pas accompli ailleurs. Il ajoute dans un autre endroit de son Mémoire, faisant évidemment allusion au récit des *Lettres vendéennes:* « Je vois que ce » qu'on a dit de moi dans certaines cir- » constances, n'a pas toujours été *bien* » *exact*. Les faits que l'on m'a attribués ont

» été *quelquefois amplifiés un peu*, pour y
» mettre du *merveilleux* et me donner appa-
» remment un encens que je ne demande
» ni ne mérite. » Mais là où l'on n'a pas
toujours été *bien exact*, où l'on a *quelquefois
amplifié un peu*, pour y mettre du *merveilleux*, évidemment il y a un fond de
vérité ; et quelle est ici la vérité, si ce n'est
le fait plus simple, mais non moins héroïque
en soi, raconté d'une manière si authenti-
que et si précise par Julienne Jouan et
Joseph Mercerais ? Cette observation trouve
sa confirmation dans la conduite constamment tenue par M. Orain relativement à cet
événement, et que constatent les diverses
notices manuscrites que nous avons sous
les yeux. « Il n'aimait pas, disent-elles,
» qu'on le questionnât sur cette histoire.
» Quand on se hasardait à lui en parler, si
» on faisait allusion au récit de M. Walsh,
» il n'hésitait pas à reproduire la réponse
» de son Mémoire. Mais si on l'interrogeait
» sur le fait en lui-même, ou bien il gar-
» dait le silence, ou bien ses réponses
» étaient évasives et de nature à couper
» court à toute instance indiscrète. Jamais
» nous ne l'avons entendu nier ou repous-
» ser ce fait d'une manière absolue. »
Qu'une dernière observation nous soit

permise sur le récit des *Lettres vendéennes*. Si l'auteur a quelquefois amplifié un peu, s'il a confondu l'affaire du Motais avec celle de l'Etrie, cela tient évidemment à ce qu'il ne connaissait pas les lieux. Autrement ce qu'il dit, que M. Orain se précipita à la nage, *dans une rivière*, l'eut certainement mis sur la voie de la vérité : car cette rivière ne peut être que l'Isaac, et l'Isaac ne passe point au marais du Motais, mais à celui de l'Etrie (1). Les informations qu'il eût prises, aussi bien que l'inspection des lieux, lui eussent fait également comprendre que M. Orain avait dû fuir à travers le marais pour gagner le côteau de la Câté, et non à travers la rivière, ce qui l'eut conduit dans une plaine découverte.

Nous devons d'ailleurs savoir gré à M. le vicomte Walsh d'avoir, le premier, su apprécier l'acte héroïque du saint prêtre, et de l'avoir sauvé de l'oubli où son auteur l'eut certainement enseveli. Il doit même se féliciter avec nous de ce que ces inexactitudes involontaires et, après tout, accessoires, aient conduit le serviteur de Dieu à faire preuve d'une humilité qui égale sa charité, si même elle ne la surpasse.

(1) L'Isaac fait aujourd'hui partie, en cet endroit, du canal de Nantes à Brest.

CHAPITRE III.

—

Nous consacrerons ce chapitre, ainsi
que nous l'avons dit, au récit de
divers événements de la vie de M. Orain,
dans lesquels figurèrent plus particulièrement des tiers, et, notamment, les habitants de Fégréac. La conduite de ces
fidèles, pendant les mauvais jours, ne fut
pas moins admirable, sous plusieurs rapports, que celle de leur héroïque pasteur.
Nous avons déjà entendu l'éloge qu'en fait
celui-ci, au début de son Mémoire : nous le

trouvons reproduit dans un autre manuscrit du même, et il fait trop d'honneur à
cette paroisse, pour que nous n'aimions pas
à le répéter.

« La Providence, qui se plaît quelquefois à faire éclater sa toute-puissance pour
confondre ses ennemis, et consoler ceux
qui préfèrent s'exposer aux plus grands
maux plutôt que de cesser d'être fidèles à
Dieu et exacts à remplir leurs devoirs, a
eu soin, dans tous les temps de persécution, de se réserver quelques lieux particuliers où un certain nombre d'adorateurs,
qui n'ayant point fléchi le genou devant
Baal, pouvaient se réunir pour se consoler
mutuellement et se raffermir dans leurs
bons sentiments. La paroisse de Fégréac a
eu l'avantage d'être de ce nombre. Quoique
coupée par deux grandes routes assez fré-
quentées; dont l'une va de Redon à Blain
et l'autre de Redon à la Roche-Bernard ;
quoique située dans un angle formé par le
confluent de deux rivières navigables, la
Vilaine et l'Isaac, elle fut un lieu de consolation, où les fidèles de plusieurs paroisses
vinrent trouver des secours spirituels, pour
persévérer dans la vraie religion qu'ils
voyaient persécutée partout à outrance.

» Le district de Blain nomma plusieurs

fois des prêtres, pour remplacer le pasteur légitime, M. Renaud ; il nomma, entre autres, M. Maugendre, desservant de Saint-Nicolas-de-Redon ; mais Dieu permit que tous eurent trop de religion et de délicatesse de conscience pour accepter ces fonctions schismatiques. Les habitants de Fégréac, fortifiés d'ailleurs par les instructions de leurs prêtres légitimes, ne donnèrent dans aucune extravagance ; et, du plus grand jusqu'au plus petit, ils s'appliquèrent tous à montrer leur attachement aux vrais principes, et leur zèle à protéger ceux qui les professaient, qu'ils fussent ecclésiastiques ou laïcs. Il ne s'est point trouvé de traîtres parmi eux. Au Dreneuc, était Mme veuve Henri Dumoustier, qui épuisa toutes ses ressources à soutenir et assister ceux qui étaient persécutés pour la bonne cause. Malheureusement, elle finit par être victime de son zèle. Lorsqu'en 1791 et 1792, les prêtres catholiques furent, partout ailleurs, contraints de cesser leurs fonctions, on les continua encore dans cette paroisse, qui fut, pendant quelque temps, un centre de réunion pour les paroisses voisines. »

On ne peut trop remarquer que ces heureuses dispositions des habitants de

Fégréac ne furent point un effet d'entraî-
nement, mais bien celui de convictions
solides, fruit de leur assiduité à venir entendre les instructions de leurs pasteurs,
et de leur fidélité à les mettre en pratique.
Nous avons sous les yeux quelques prônes
donnés par M. Orain pendant les premières
années de la Révolution. A voir le choix des
sujets qui se rattachent presque tous à la
nécessité de la foi, de la piété, de la vie
sainte et de la confiance en Dieu, il est
facile de comprendre que, sans négliger
de tenir les fidèles au cours des événements, il s'appliquait particulièrement à
les affermir dans les croyances et les pratiques chrétiennes, si nécessaires en ces
temps de troubles. C'est ce qui explique
pourquoi « *ses paroissiens ne donnèrent dans
aucune extravagance, et, du plus petit jusqu'au plus grand, ils s'appliquèrent tous à
montrer leur attachement aux vrais principes.* » C'est aussi ce qui rendit leur foi
si courageuse au milieu des épreuves que
leur suscitèrent les hommes, et, même, de
celles qu'il plut à Dieu d'y ajouter; comme
cela parut dans une mémorable circonstance, dont M. Orain nous a conservé le
souvenir.

« Le jour de la Pentecôte, 1792, il arriva

une catastrophe qui fut funeste à plusieurs
paroissiens de Fégréac. M. Renaud se retirait tantôt à Rieux, tantôt à Redon, et je
restais à Fégréac. M. Marchand, recteur
alors de la Chapelle Houlin, et depuis recteur de Fégréac, se tenait ordinairement
dans la paroisse et disait la messe du matin
le dimanche ; et moi, je disais la grand'-
messe, à l'église. Comme les affaires devenaient de plus en plus fâcheuses, le bruit
courait souvent que les bleus venaient me
prendre. La veille de la Pentecôte, on me
prévînt que le même bruit se répandait encore. En conséquence, je passai la nuit à
parcourir la paroisse pour remonter à la
source de cette nouvelle, et savoir si elle
avait un fondement réel et certain. Ne lui
en voyant aucun, j'allai trouver M. Marchand, qui était retiré à Trenneban, et nous
prîmes ensemble de nouveaux renseignements, qui nous convainquirent qu'il n'y
avait rien à craindre. C'est pourquoi nous
nous acheminâmes vers le bourg pour y
faire nos offices, et, en approchant par le
tertre des Bossettes, nous fûmes surpris de
voir plusieurs personnes s'en aller par la
digue. Nous nous demandions pourquoi
elles s'en allaient au lieu de venir. Lorsque
nous fûmes dans le bourg, nous le trouvâ-

mes en rumeur ; tous s'attendaient à voir les bleus arriver à l'instant.

» Nous les rassurâmes en leur racontant toutes les recherches que nous avions faites pendant la nuit ; nous prîmes encore de nouveaux renseignements près des personnes qui venaient de divers côtés pour la messe du matin ; nous posâmes des sentinelles, et M. Marchand dit la messe, comme de coutume, sans aucun accident. Mais, tout-à-coup, le bruit se répandit qu'un des grands bateaux du passage de Rieux avait été submergé, dans les eaux de la Vilaine, avec tous ceux qui le montaient. Un instant après, la nouvelle se confirma par l'arrivée de plusieurs personnes échappées au naufrage. Les femmes avaient perdu, les unes leurs coiffes, les autres leurs tabliers ; les hommes, leurs chapeaux et une partie de leurs vêtements ; tous étaient couverts de boue des pieds à la tête, et ils accusaient les habitants du bourg d'être la cause de ce malheur, pour avoir répandu le faux bruit de l'arrivée des bleus, et les avoir obligés d'aller entendre la messe ailleurs.

» Ces bonnes gens, en effet, avaient eu d'abord l'intention d'aller à la chapelle de Saint-Joseph, où un prêtre de Rieux, nommé M. Tual, venait dire la messe le dimanche ; mais ce jour là étant une fête solennelle, il était resté à Rieux ; de sorte que ces braves gens se portèrent en foule vers cette paroisse. Arrivés au passage, ils se pressèrent en trop grand nombre dans les bateaux, et le conducteur de l'un d'eux, lui ayant imprimé une, secousse en le faisant quitter la rive, ceux qui le montaient se portèrent tous à la fois vers l'extrémité opposée qui était avancée au milieu de la rivière, le firent enfoncer sous l'eau et furent ainsi engloutis. Comme on n'avait ni perches ni cordes à jeter aux naufragés, et que le flux de la mer vint alors à se faire sentir avec violence, le courant les emporta en amont. Plusieurs se sauvèrent parmi les roseaux du rivage ; plusieurs , en s'accrochant les uns aux autres, ne firent que s'aider à se noyer. Quatorze personnes , toutes de Fégréac, périrent , et on ne put retrouver leurs cadavres que quelques jours après. »

Nous empruntons à un autre manuscrit de M. Orain, les détails suivants : « Environ quatre-vingts personnes montaient ce bateau. Rien de plus effrayant que le spectacle qu'offraient ces malheureux naufragés, et les cris qu'ils poussaient au milieu des flots qui les entraînaient ! Un vieux militaire, Julien Poulain, qui était sur le rivage, m'a dit : — « J'ai fait la guerre ; j'ai été plusieurs fois au feu, au combat, au milieu du meurtre et du carnage, et entouré d'hommes morts ou blessés à mes côtés ; mais je n'ai jamais été si effrayé et si transi que dans ce jour où je voyais mes enfants au milieu de cette rivière ; je les entendais m'appeler, crier vers moi : « Mon père, je me noie ! Aidez-moi à me sauver ! Le courant m'entraîne ! » Et je ne pouvais leur être d'aucune utilité, ayant bien de la peine à me retirer moi-même des vases de cette rivière. »

Cette catastrophe eut lieu vers six heures du matin : elle jeta le deuil et la consternation dans toute la paroisse ; mais elle n'altéra point la piété de ces fermes chrétiens, qui voyaient dans toutes ces calamités le secret dessein de Dieu, que M. Orain leur rappelait souvent, à savoir : qu'il frappe ses enfants pour faire rentrer les pécheurs en eux-mêmes, et purifier de plus en plus les justes. La fidélité à Dieu, des habitants de Fégréac, fut telle, en cette circonstance, que, plusieurs d'entre eux, n'ayant pu assister à la sainte messe qui fut dite au bourg, n'hésitèrent pas, quelques heures

après le désastre , à affronter le même bac
et la même rivière , pour se rendre à la
grand'messe à Rieux. Cette piété si vive
et si généreuse se soutint pendant tout le
temps de la persécution. On peut même dire
qu'elle ne fit que s'accroître.

Mais n'anticipons pas sur ce sujet, et disons qu'après leur attachement à Dieu ,
aucun ne fut plus admirable , chez ces
courageux fidèles , que celui qu'ils eurent
pour son digne ministre. Ils l'aimaient tous
comme un père , et se prêtaient un mutuel
concours pour le cacher, l'arracher au péril
et lui faciliter l'exercice du saint ministère.

Nous avons déjà vu la sage conduite que
tinrent les officiers municipaux de Fégréac,
à l'égard de la troupe envoyée de Nantes
pour se saisir de M. Orain , et mettre un
terme à l'exercice du culte. Pleins d'hon-
nêteté et d'égards pour les agents de l'autorité , quelqu'injuste qu'elle fût , ils se
gardèrent de l'offenser d'aucune manière ;
mais ils surent toujours garantir les intérêts
de leur religion et ceux du prêtre qui la
représentait parmi eux. La population entière était animée du même esprit ; et, bien
qu'elle fût continuellement inquiétée , inju-
riée , pillée même par les troupes de patriotes qui sillonnaient sans cesse , de jour

et de nuit , la paroisse, elle supporta toutes
ces vexations avec tant de patience et de
modération que , malgré leur mauvais vouloir, les révolutionnaires ne purent jamais
leur trouver d'autre crime que celui de leur
attachement à Dieu et à son légitime ministre. Les actes de dévouement se multi-
plièrent à l'infini parmi cette généreuse
population. Nous en avons déjà vu et nous
en verrons encore de nombreux exemples
en parlant des auxiliaires de M. Orain.

Au premier rang , il faut placer ses écoliers, c'est-à-dire ces jeunes gens qu'il instruisait , depuis son arrivée dans la paroisse, en vue du sacerdoce. Le malheur
des temps et des difficultés sans nombre
qu'il rencontra ne l'empêchèrent point de
continuer son œuvre. Cet homme de Dieu
voyait avec douleur les brèches faites au
sanctuaire , et il voulait contribuer à préparer les matériaux qui devaient un jour
les réparer. Ses efforts ne furent point stériles, car plusieurs de ses jeunes gens furent
jugés dignes , plus tard , d'être élevés au
sacerdoce. Tels furent M. Rosier, celui-là
même que M. Orain nomma son Timothée,
parce qu'il fut le compagnon fidèle de ses
courses évangéliques. M. Rosier méritait
pour d'autres raisons encore ce beau titre.

Il était diacre et se distinguait par sa piété, et son dévouement a la cause de Dieu et de la religion. Dans la suite, il fut ordonné prêtre, à Paris; puis envoyé, en qualité de vicaire, en diverses paroisses, et en dernier lieu à Fégréac, où il mourut. Nous devons citer encore, comme fruits du zèle de M. Orain, M. Guiho, mort curé de Guémené-Penfao; M. Joseph Sérot, vicaire à St-Herblain et mort à Fégréac; M. Pierre Sérot, mort curé de Pierric; M. Riallain, mort curé d'Issé; M. Motreul, mort curé de Louisfer; M. Menager, mort curé de Mouais; M. Plormel, mort curé de Saint-Jean-de-Corcoué; M. Jean Sérot, actuellement curé de Montoir; M. Marchand, d'abord curé de Saffré, et aujourd'hui prêtre retiré à Fégréac.

M. Orain instruisait lui-même les plus âgés de ses écoliers, et il se faisait aider par eux pour enseigner les plus jeunes; maintes fois des alertes dispersèrent maître et disciples; mais le calme revenu, ils se réunissaient de nouveau et les études recommençaient. Ces jeunes gens furent très-utiles à M. Orain dans le cours de la persécution; ils lui servaient de catéchistes dans les villages et de sentinelles pendant les saints offices et les cérémonies religieuses. D'autres jeunes gens, pleins de bonne volonté et d'agilité, les aidaient dans cette dernière tâche. Ils montaient sur les arbres et se postaient sur les hauteurs d'où ils découvraient de loin l'approche de l'ennemi. Quelques-uns d'entre eux se détachaient alors et allaient donner l'alarme, tandis que les autres continuaient de suivre la marche des bleus et de les signaler afin qu'on pût les éviter. En parcourant la paroisse de Fégréac, il nous est arrivé plusieurs fois de rencontrer de ces vieillards qui avaient servi de sentinelles au vénérable prêtre. Ils seraient volontiers restés des heures entières à nous raconter les détails de ces intéressantes péripéties, dont le souvenir leur est toujours cher et semble les rajeunir.

En parlant des auxiliaires de M. Orain, il nous est impossible de ne pas rappeler le nom de M. Giles Chatelier, que nous avons vu venir tout exprès de Plessé à Fégréac pour annoncer l'arrivée du fameux Burban, et qui préféra se laisser faire prisonnier par lui, plutôt que d'exposer sa famille aux perquisitions et aux vexations des patriotes. Nous devons également rappeler les noms des frères Jouan, de Barisset, qui figurèrent dans le mémorable événement du marais de l'Etrie. Déjà leur père leur avait donné l'exemple du dévouement en bravant des menaces de mort qu'on lui adressait, pour le forcer à découvrir les ornements sacrés cachés chez lui. Ses enfants marchèrent sur ses traces ; mais il fut dépassé par son fils François. On rapporte qu'ayant été pris par les bleus, ceux-ci le conduisirent à l'église et le pressèrent vivement de dénoncer le prêtre et d'indiquer le lieu de sa retraite. Comme il s'y refusait obstinément, ils le firent mettre à genoux, l'inclinèrent sur la table de communion et, levant leurs sabres, ils le menacèrent à plusieurs reprises de lui trancher la tête. Mais François Jouan, plutôt que de prononcer une seule parole compromettante, releva lui-même ses longs cheveux et dit à ses bourreaux : — « Frappez maintenant si vous voulez ! » (1) Ceux-ci, stupéfaits de tant de courage, s'arrêtèrent et renvoyèrent cet héroïque jeune homme, en se bornant à le menacer de ne pas l'épargner s'il retombait une autre fois entre leurs mains.

Les femmes ne le cédèrent point en dévouement aux hommes. A leur tête, nous

(1) L'expression dont il se servit dans son patois, et qui est rapportée par Julienne Jouan, est plus originale et plus énergique. « Mon oncle, dit-elle, relevit ses cheveux et l'our dit : *travaillez* à c't'hour-ci, si vous v'lez. »

voyons une religieuse ursuline du couvent
de Redon, Mlle Reine-Marie-Jeanne Guillois,
née à Vannes d'une famille honorable, et
connue en religion sous le nom de Mme Saint-
Esprit. Chassée, comme tant d'autres, du
cloître où la violence révolutionnaire vint
troubler sa solitude, elle s'était retirée,
avec plusieurs de ses sœurs, à Fégréac,
comme dans une oasis où elles pouvaient
encore suivre leur règle et vaquer plus aisément à la prière. Mais Mme Saint-Esprit,
femme pleine d'activité et de zèle, se sentit
pressée de se rendre utile au prochain ; et
comme, dans sa jeunesse, elle avait soigné
les malades dans un hôpital dont l'une de
ses tantes était supérieure, M. Orain, auquel
elle s'ouvrit de son dessein, lui confia spécialement le soin des malades de la paroisse.
Elle s'employa près d'eux avec un zèle admirable. En même temps qu'elle pensait
leurs corps, elle préparait leurs âmes à la
visite du prêtre et à la réception des sacrements qui, grâce à elle, furent toujours
administrés avec une décence, quelquefois,
avec une pompe que ne comportaient guère
ces temps malheureux. M. Orain ne tarda
pas à comprendre qu'il pouvait tirer un
parti plus avantageux encore de son intelli-

6

gente auxiliaire ; il lui confia l'instruction à domicile des petites filles du catéchisme ; ce dont elle s'acquitta si bien, que le zélé prêtre n'hésita pas à se l'associer dans une œuvre plus importante encore, celle des retraites, ainsi que nous le verrons plus tard.

Est-il nécessaire de dire que le dévouement de Mme Saint-Esprit ne s'exerça point sans péril pour elle ? Plus d'une fois sa vie fut menacée et le glaive suspendu sur sa tête. En visitant Barisset, on rencontre, à l'entrée du village, une croix en pierre, restauration d'une plus ancienne ; et, si l'on demande l'origine de ce monument, on raconte que Mme Saint-Esprit se trouvant un jour à la chapelle de la cure avec un certain nombre de fidèles et M. Orain qui s'apprêtait à y dire la messe, on annonça subitement l'arrivée des bleus dans le village. Mme Saint-Esprit en donne aussitôt avis au prêtre qui se revêtait des habits sacerdotaux. — « Que faire? s'écrie celui-ci, priez Dieu pour moi ! — Sauvez-vous, reprend Mme Saint-Esprit, je vais faire de mon côté tout ce qui sera possible. » Et, pendant que M. Orain dépose les ornements sacrés, elle sort en marchant d'abord lentement, et, en regardant de côté et d'autre ; puis, prenant en main les sabots dont ses pieds étaient chaussés, elle se met à courir en toute hâte vers l'extrémité opposée du village. Aucun de ses mouvements n'avait échappé aux bleus dont elle voulait, en effet, attirer l'attention, afin de les détourner du point menacé. Ce stratagème lui réussit : car ceux-ci voyant cette femme prendre sa course, avec un dessein si évidemment prémédité, s'imaginèrent qu'elle allait quelque part avertir M. Orain, et plusieurs d'entre eux se détachèrent à sa poursuite. Ils l'atteignirent au sortir du village, la saisirent, l'interrogèrent et la menacèrent de la mort si elle ne leur déclarait où était le prêtre. Comme elle s'obstinait à ne leur donner que des réponses évasives, ils la firent, en effet, mettre à genoux et se préparèrent à la fusiller. Mme Saint-Esprit se crut perdue, et recommanda son âme à Dieu. Mais celui-ci veillait sur elle, et il la sauva d'une manière vraiment merveilleuse.

A ce moment-là même, les soldats crurent entendre des voix qui les appelaient vers le lieu dit *la Coulée*, comme s'il se fût agi d'une prise plus importante ; et pendant qu'ils écoutaient, délibéraient et s'agitaient, ne sachant ce qu'ils devaient faire, Mme Saint-

Esprit profita de leur indécision, s'élança dans un champ voisin et disparut parmi les blés alors fort élevés. Les bleus ne la poursuivirent que faiblement, pressés qu'ils étaient de se rendre où ils croyaient qu'on les appelait.

Ni ceux qui nous ont fait ce récit, ni Mme Saint-Esprit elle-même, de qui ils le tenaient, n'ont pu dire si les voix qui attirèrent l'attention des soldats furent une réalité ou une simple illusion. Mais ce qui est certain, c'est que, pendant ce temps, M. Orain et M. Rosier avaient pu sortir de la chapelle et gagner un bois voisin, d'où ils contemplaient ce qui se passait, et priaient Dieu avec ferveur de sauver cette sainte et courageuse femme. Celle-ci, après avoir fait un long circuit, parvint à les rejoindre. Tous ensemble se mirent à bénir Dieu d'un événement qui leur parut tenir du prodige, et ce fut pour en conserver le souvenir, que, plus tard, M. Rosier, lui-même, fit élever cette croix, au lieu où Mme Saint-Esprit s'était mise à genoux, et avait été si miraculeusement protégée.

Au retour de la paix, Mme Saint-Esprit ne rentra point dans le cloître. L'altération de sa santé et le besoin qu'elle éprouvait du grand air, firent consentir ses supérieurs à

la laisser à Fégréac, dont elle continua
d'édifier les habitants par sa charité et sa
piété. En 1835, devenue âgée et infirme,
elle se retira à Saint-Nicolas-de-Redon,
chez un de ses parents. Dieu lui réserva,
dans ce temps, une bien douce consolation.
Ce fut celle d'être appelée par M. Orain lui-
même près de son lit de mort, de l'assister
à ses derniers moments et de recevoir, à
cette heure suprême, les bénédictions du
serviteur de Dieu. Mme Saint-Esprit mourut
à Saint-Nicolas, le 15 avril 1837, pleine de
mérites devant Dieu et devant les hommes.

Un autre nom que nous devons également remarquer, est celui de la respectable
veuve Pajot, servante du presbytère, et de-
meurée fidèle à ses maîtres jusqu'à son
dernier soupir. C'est elle qui les cache au
début de la Révolution, tantôt au bourg,
tantôt dans sa chaumière de Barisset. C'est
elle qui, plus tard, porte ses repas à M.
Orain, dans les bois; et, de sa voix bien
connue, va l'avertir que les perquisitions
des bleus sont terminées, et qu'ils dispa-
raissent au loin comme l'orage; elle le tient
au cours de tous les bruits qui circulent,
et souvent lui apporte des renseignements
très-utiles. Pleine d'une sollicitude qu'on
pourrait dire maternelle, elle ne le perd

pas de vue un seul jour, et il n'est pas de service qu'elle ne s'empresse de lui rendre. Digne femme ! elle aussi recevra sur cette terre une première récompense : elle aura le bonheur d'être assistée à sa dernière heure par M. Orain lui-même, et de recevoir de ses mains une sépulture chrétienne, honneur que de plus grands et de plus riches qu'elle envieront en ces jours de terreur et n'obtiendront point comme elle.

Nous pourrions rappeler beaucoup d'autres noms que nous lisons dans les récits de M. Orain : qu'il nous suffise de dire que leur plus bel éloge est d'avoir été jugés dignes d'être écrits et légués à la postérité par la plume reconnaissante du saint prêtre. Nous devons néanmoins réparer une omission, en citant les deux faits suivants qui appartiennent à l'enquête, et montrent une fois de plus, avec quelle sollicitude les habitants de Fégréac veillaient à la conservation de leur bien-aimé pasteur.

Un jour, M. Orain venait de dire la sainte messe à la Brousse et il déjeunait chez la fermière, lorsque celle-ci, mettant la tête à la fenêtre, aperçut des bleus qui entraient dans la cour. Elle se détourne aussitôt, et dit : — « Voici les bleus ! Sauvez-vous par la porte du jardin. » M. Orain obéit promptement, traverse un champ de blé déjà grand et gagne le bois. Les soldats demandent le calotin, vocifèrent contre lui et contre la fermière, qu'ils accusent de lui donner asile; ils fouillent dans toute la maison, sans découvrir les ornements qui avaient servi à dire la sainte messe, et sans même trouver la nappe et le déjeûner, que la fermière avait eu la présence d'esprit de jeter dans un coin et de couvrir des langes de ses petits enfants.

Un autre jour, M. Orain avait réuni à dîner, chez la veuve Motreul, de Balac, six confrères. Le dîner était servi, lorsqu'on aperçut, à quelques pas de la maison, une troupe de bleus venus de Blain. Ces messieurs, avertis, prennent aussitôt la fuite; la veuve Motreul enlève précipitamment ce qui était sur la table, pendant que son gendre, Méréal Dupé, s'avance, la tabatière à la main, au devant de la troupe. — « Où vas-tu ? lui dit le commandant, d'un ton colère. — Je vais mettre hors de mon pré, des pourceaux qui l'endommagent. » Le chef, alors, prenant Méréal à part, lui déclare qu'il sait parfaitement que sept prêtres sont réunis à dîner chez lui; qu'ils ont été vendus par une méchante femme, pour dix écus : mais qu'il ne veut pas le

perdre.; et, reprenant le ton du commandement, il ordonne à Méréal de le suivre au
bourg. Le prisonnier obéit sans résistance,
et chacun s'attendait à le voir fusiller;
mais, étant entrés dans une auberge, Méréal
fait servir à boire aux soldats; il boit lui-
même avec le chef, qui le laisse s'échapper
de ses mains, et revenir librement à la
Brousse, tandis qu'il retourne lui-même à
Blain. Le bruit courut, peu de temps après,
que cet homme généreux avait été fusillé
dans cette ville, trahi par ses soldats, et victime des sentiments d'humanité et de religion qui lui avaient inspiré sa belle action.

Ce n'est pas la seule fois que ces nobles
sentiments se rencontrèrent chez les agents
de la force publique employés à la poursuite des prêtres; ils n'étaient pas rares,
surtout parmi les militaires qui n'obéissaient
qu'avec répugaance aux ordres barbares
qui leur étaient donnés. On cite particulièrement un brigadier de gendarmerie
(alors la maréchaussée) de Saint-Nicolas-
de-Redon, nommé Lacner, très-fréquem-
ment commandé pour conduire les bleus à
Fégréac, à la recherche de M. Orain : il le
fit souvent prévenir de ces visites, où les
dirigea de telle manière, qu'il n'eut rien à
en redouter.

La conduite admirable de M. Orain commanda plus d'une fois le respect à ses ennemis même. Des témoins dignes de foi affirment que Lebatteux et Coquet, commissaires de la République à Redon et à Saint-Nicolas, et qui ordonnèrent si souvent des poursuites contre lui, ne purent néanmoins lui refuser une admiration secrète, et le ménagèrent en plus d'une occasion. Il est du moins certain qu'ils devinrent ses obligés dans des circonstances que nous rapporterons plus tard, et qu'ils ne furent point insensibles aux généreux procédés du saint prêtre.

Le plus acharné de ses ennemis fut un maçon de Guéméné-Penfao. Cet homme, dit une note que nous avons sous les yeux, était d'un caractère méchant; il s'était fait connaître du cruel Carrier, qui l'avait chargé d'exécuter ses ordres sanguinaires dans cette partie du diocèse. Le maçon-commissaire aimait à compter les victimes qu'il faisait tomber sous ses coups; mais aucune ne lui eût été plus agréable à immoler que l'apôtre de Fégréac. Il ne se passait pas de jour qu'il ne soulevât contre lui des tempêtes, et, plus d'une fois, il se mit lui-même à la tête d'escouades de patriotes, pour le surprendre et le mettre à mort. M. Orain, parlant de cet homme, laisse son nom dans l'ombre. Nous nous en voudrions de ne pas imiter sa charitable conduite. Voici le passage dans lequel il en est question :

« Le jour de la fête de l'Epiphanie, en 1798, la Providence me donna encore une marque bien visible de sa protection. J'étais allé, de nuit, à la chapelle Saint-Armel, pour y confesser, en attendant l'heure de la messe, ce que je fis fort tranquillement. On avait placé des sentinelles de toutes parts, et cela ne fut pas inutile. Je commençai la messe environ une demi-heure après le lever du soleil. Pendant ce temps-là, un détachement de bleus conduits par des *sans-culottes* de Guéméné, et à la tête desquels était P. M.., partirent, de nuit, et arrivèrent, au point du jour, au village de Saudron, en Plessé. Là, étaient cachés M. Vauléon, vicaire de Plessé, et M. Chatelier, recteur de Cordemais. Le premier resta dans sa retraite ordinaire ; mais le second se mit à courir précisément par le chemin qu'avaient pris les *cent-sous* (1). Heureusement qu'il fut

---

(1) Nom vulgaire donné aux patriotes que la République soudoyait en certaines circonstances, au prix de cinq francs, ou cent sous.

rencontré par un homme du village, qui lui dit : — « Où allez-vous ? — Je me sauve des bleus. — Eh ! vous allez droit à eux ; retournez-donc promptement par tel endroit. » Il le fit et s'échappa.

» La troupe passa par le milieu du village, sans trouver ni prêtres ni *requis* ; car ils cherchaient les uns et les autres. C'était une consolation pour les persécutés d'avoir des semblables, et un motif de plus pour les bonnnes gens, d'avertir de l'arrivée des républicains. La troupe, après avoir fait une perquisition dans le village, prit le chemin de Fégréac, par un temps fort beau et fort clair. Quand ils furent dans la lande, le soleil se leva, et ils aperçurent de loin, des personnes qui se rendaient à la messe. Arrivés sur une hauteur, et craignant d'être trahis par l'éclat que jetaient leurs armes, ils se couchèrent à terre et observèrent de quel côté se dirigeaient ces personnes, afin de les suivre secrètement, et de s'emparer plus sûrement du prêtre. En voyant la direction qu'elles prenaient, ils jugèrent que la messe se disait au château du Broussay. Il paraît qu'ils ne connaissaient pas les lieux ; ce qui fut fort avantageux, car lorsqu'ils ne virent plus personne dans les landes, ils se levèrent et marchèrent vers le château. Mes sentinelles du village de Brandy les aperçurent et accoururent à la chapelle, pendant que je prêchais à la Postcommunion. Je reconnus, au mouvement de ceux qui se tenaient à la porte, qu'il se passait quelque chose d'important. C'est pourquoi, sans m'arrêter à demander ce que ce pouvait être, je finis promptement la messe, et je me déshabillais, lorsque la nouvelle vint jusqu'à l'autel, que les bleus étaient à la chaussée de l'étang du Broussay. J'eus le temps de faire déparer la chapelle et enlever tous les objets qui avaient servi à la messe, et je me retirai par la chaussée de Saint-Armel, dans les taillis, du côté de Brandy, accompagné de Jean Thomas, fermier du Broussay.

» De là, nous aperçûmes des *cent-sous* déguisés qui, de la cour du château, entraient dans le jardin, regardant et examinant de tous côtés, et très-étonnés de ne voir personne. Jean Thomas me quitta alors pour se rendre chez lui, craignant qu'ils ne pillassent ou ne fissent quelque mal. Arrivé près d'eux, il leur demanda ce qu'ils cherchaient. — « Nous voudrions bien, aussi nous, être à la messe, dirent-ils. — Nous n'avons point de messe ici, leur répondit Thomas ; retirez-vous, ou je vais vous dénoncer à la municipalité. Ils obéirent, sortirent du jardin par la cour, et allèrent rejoindre la troupe, qui se tenait en dehors du portail.

» Pendant ce temps-là, un homme du village de Gras, nommé René Jouan, était allé conduire ses bestiaux aux landes, et n'avait pas aperçu la troupe. Il ne la vit qu'au moment où elle entrait dans l'avenue du Broussay. Aussitôt, il laisse ses bestiaux, et court promptement avertir son village, où était caché M. Bédard, recteur de Châteaubriant. En passant non loin de la chapelle, il se détourne un peu, et s'écrie de toutes ses forces: — « *gare là-bas ! gare aux bleus !* » Mais j'étais déjà dans le bois, quand je l'entendis crier ainsi.

» Les bleus avaient remarqué sa fuite, et détaché un certain nombre d'entre eux à sa poursuite. Ils le suivirent à l'empreinte de ses pas, et vinrent jusque chez lui; et comme il n'avait pas eu la précaution de changer de chaussures et de vêtements, ils le reconnurent et le saisirent. Ne sachant plus alors où retrouver leurs camarades, ils tirèrent un coup de fusil; ceux-ci répondirent de la même manière, et ils vinrent se réunir dans le domaine du Broussay. Ce fut alors qu'ils aperçurent la chapelle Saint-

7

Armel, située dans un vallon, et ceux qui en étaient sortis se retirer en diverses directions. Alors, ils s'y précipitèrent; mais ils furent bien surpris de n'y plus trouver personne, ni ornement, ni aucune marque qu'on y eut dit la messe.

» Ils s'en prirent alors au pauvre René Jouan, qu'ils accablèrent de reproches, d'injures et de coups; et ils l'emmenèrent au bourg de Fégréac, en le menaçant de le fusiller. Etant entrés dans l'auberge la plus voisine de la grande porte de l'église, ils le mirent sous la garde de plusieurs soldats. Ceux-ci lui apprirent que P. M. était chef de la bande, et l'engagèrent à s'adresser à lui pour obtenir sa grâce; mais il fallut pour cela bien des bouteilles de vin, sans compter le fricot. Enfin, René Jouan, s'apercevant qu'il n'était plus surveillé de si près, obtint la permission d'aller lui-même tirer le vin au cellier. Cette pièce avait une fenêtre donnant sur le chemin de la Danoterie; il la remarqua, et choisissant le moment favorable, il sauta par cette fenêtre et s'échappa ainsi des mains des républicains. Comme ils étaient presque tous ivres, et que les officiers municipaux les apaisèrent, ils ne firent pas de recherches.

» Pendant tout ce temps-là, je me retirai au village de Brandy, où je ralliai promptement quelques-unes des personnes qui s'étaient écartées, et nous achevâmes l'office que nous avions commencé à Saint-Armel. Je dis les vêpres, l'après-midi; et, comme le lendemain était un dimanche, je restai au même lieu, où je célébrai la sainte messe et les autres offices. Enfin, cette troupe s'en alla, et nous laissa tranquilles pour quelque temps. »

Nos lecteurs ont pu remarquer l'éloge particulier que fait M. Orain de Mme veuve Dumoustier, fermière au château du Dréneuc, et qui, après avoir épuisé toutes ses ressources au soulagement des persécutés, devint elle-même, avec sa famille, victime de son dévouement. Cet éloge est parfaitement mérité, et voici, sur ces faits, de nouveaux détails, écrits par M. Orain, et qui sont d'un grand intérêt.

« Aux fêtes de Pâques, en 1793, autant que je puis me le rappeler, voyant que je ne pouvais plus faire les offices à l'église, j'étais allé à la chapelle Saint-Armel, pour y dire la messe et satisfaire à la dévotion des fidèles qui désiraient approcher des sacrements. Les bleus, comme toujours, cherchaient des prêtres de toutes parts.

ils avaient appris qu'il y en avait à Fégréac,
et le château du Dréneuc leur était sus-
pect. M. Marchand, recteur de la Chapelle-
Heulin, et depuis, recteur de Fégréac,
y était, en effet, caché. Ils vinrent donc au
château, le lundi de Pâques, vers les deux
heures de l'après-midi, comme Mme Dumoustier, sa famille et M. Marchand sortaient de dîner : ils entourèrent la maison
afin que personne ne put s'échapper. Tout
le monde est effrayé; Mme Dumoustier quitte
la salle et va à la cuisine, au devant du
chef; M. Marchand se promène à grand
pas, cherchant le moyen de s'enfuir. Il va
à la porte du jardin, qui était vitrée, et il
y voit des bleus; il se porte à la fenêtre
qui donne sur la cour; celle-ci était remplie
de bleus. Il revient dans la salle, et prie
Dieu de lui inspirer ce qui lui reste à faire,
et de le préparer à une mort qui lui paraît inévitable. Au même instant, par un
effet de la Providence qui veille toujours
sur les siens et qui n'abandonne point ceux
qui mettent leur confiance en elle, M. Marchand, que Dieu réservait encore pour
travailler au salut des âmes, aperçoit des
bleus passant rapidement devant la porte
du jardin, et courant avec précipitation
vers la chapelle qui était dédiée à sainte

Anne. C'était le meunier Julien Danot, qui
y était allé prier Dieu, et réciter ses vêpres.
Les bleus, voyant sa tête chauve, l'avaient
pris pour un prêtre, et s'étaient écriés :
— « Voici le calotin ! le voici ! » Tous les
autres, à cet appel, étaient accourus, en
faisant beaucoup de bruit et de tumulte ; ils
criaient tous : — « Nous le tenons ! » M. Marchand voyant ces soldats se rendre à la
chapelle, s'élance dans le jardin, et court
à toutes jambes vers l'avenue des Sapins.
Quelques bleus le remarquèrent et lui crièrent : — « Arrête ! arrête ! » Comme il n'en
faisait rien, ils tirèrent un coup de fusil vers
lui ; mais, heureusement, ils ne l'atteignirent pas ; et comme ils ne le prenaient pas
pour un prêtre, parce qu'il était parfaitement déguisé, ils ne le poursuivirent pas avec
autant d'acharnement ; ce qui lui donna le
temps de franchir le fossé du jardin, de
traverser l'avenue des Sapins, et de s'é-
lancer par-dessus le fossé du bois de la
Colle, où il voulait se réfugier. Par malheur,
une branche d'arbre, dont il ne se défiait
pas, le repousse et le précipite au fond du
fossé. Sans prendre le temps de resaisir
son chapeau qui était tombé, il se relève
promptement, se glisse dans le bois, et va
droit à un grand sapin, au haut duquel il

avait préparé un refuge, qu'il me fît voir un jour. Le sapin était tellement touffu par endroit, qu'on ne pouvait apercevoir d'en-bas ceux qui y étaient cachés : de petites branches desséchées le long du tronc et coupées de longueur convenable servaient d'échelle pour y monter.

» Dès qu'il y fut grimpé et blotti, M. Marchand entendit les bleus qui le cher-chaient, en faisant grand bruit; mais, grâce à Dieu, toutes leurs recherches furent inutiles. Voyant qu'ils ne trouvaient per-sonne, ils retournèrent au château, où ils retinrent prisonnier le meunier, qu'ils con-tinuaient de prendre pour un prêtre, à cause de sa tête chauve. Une partie d'entre eux se répandit ensuite dans les villages voisins, où ils se saisirent de tous les hommes qu'ils rencontrèrent, et particu-lièrement de mon frère Jacques Orain, qui était tranquillement chez lui, au village de Villeneuve. Sur la route, ils arrêtèrent encore quelques hommes. Dans ce moment, Jean Chauvel, de Tarambon, venait du bourg et se rendait à la Boclais, lorsque, parvenu au champ des Barreaux, il aper-çut les bleus s'emparant d'un homme et l'emmenant au Dreneuc. Les voyant s'escri-mer ainsi, il rebrouss chemin prompte-

ment et se mit en sûreté. Le nombre des
prisonniers ne fut cependant pas très-
grand, car la plupart des hommes étaient
venus à la chapelle Saint-Armel, où je
faisais les offices. Nous étions au milieu des
vêpres, lorsque quelqu'un vint me dire
que mes sentinelles avaient aperçu les bleus
près du moulin du Drencuc, poursuivant
un homme qui venait de nos côtés, et
qu'ils l'avaient emmené. Je donnai un
nouvel ordre à mes sentinelles, leur indiquant le signal qu'elles devaient faire,
pour m'avertir de m'enfuir ; et je continuai
l'office assez tranquillement ; après quoi,
je me mis à confesser jusqu'au soir. Ce fut
alors que j'appris ce qui s'était passé au
Drencuc, et que les bleus avaient emmené
mon frère, le meunier, et plusieurs autres
hommes à Redon, où ils les gardèrent six
semaines en prison.

» C'est ainsi que la Providence voulut
bien encore, cette fois, me faire échapper à
leurs recherches et à leur fureur, et rendre inutiles tous leurs projets. C'est ainsi
que Dieu sait, quand il le veut, tromper la
malice de ses ennemis. »

« Le premier samedi de carême, 1797,
c'est encore M. Orain qui parle, arriva le
le meurtre des Messieurs Dumoustier, au

Dreneuc. Depuis longtemps, des chouans, des Vendéens, des émigrés échappés au désastre de Quibéron, étaient réfugiés au château, et ils y formaient divers projets de contre-révolution; mais comme ils ne trouvaient pas dans les jeunes gens du pays un enthousiasme qui répondît à leur ardeur, afin de les mettre en mouvement, ils se décidèrent à faire un coup d'essai. Le mercredi des Cendres, au soir, ils convoquèrent ceux des environs à se réunir en armes, au Dreneuc. Ils partirent à la brune et allèrent passer l'Isaac à Pontminy. De là, ils se rendirent, vers le milieu de la nuit, au village des Mortiers, en Saint-Gildas, dont tous les habitants étaient patriotes. Ils tirèrent quelques coups de fusil, enlevèrent des chevaux, quelque butin, et revinrent à la pointe du jour. Les patriotes les suivirent de loin; et, du haut des landes de Saint-Gildas, ils les virent se retirer au Dreneuc. Quelques-uns vinrent humblement redemander leurs chevaux, et les obtinrent; d'autres en firent autant; mais, en même temps, ils examinèrent soigneusement ce qui se passait dans le château, et ils allèrent en faire la dénonciation à Redon et à Savenay, où ils ne furent point écoutés; mais ils furent plus heureux à Blain, où ils obtinrent de la troupe.

» De leur côté, les réfugiés se tenaient fort peu sur leurs gardes, ce qui fut cause de leur perte. Les bleus arrivèrent le samedi au soir en Fégréac, après le coucher du soleil. Ils descendirent le grand chemin, à la croix de la Vieille-Ville, se glissèrent dans les bois, et, sans être aperçus, approchèrent du château et le cernèrent de tous côtés. On finissait la collation et l'on était encore à table, causant avec grand bruit et grande gaîté. M. Dumoustier aîné s'était levé et était allé à la cuisine prendre son domestique, Joseph Nicot, afin de s'en retourner au village de Tesdan, où ils couchaient. En ce moment, deux bleus ouvrent la porte, du côté de la cour. Une des servantes (Françoise Fleury), dit : — « Je crois que voilà les bleus qui entrent. » M. Dumoustier se lève aussitôt, le sabre à la main, va vers ces soldats, les repousse jusque dans la cour ; et, en passant devant la porte du salon, crie à ses compagnons d'une voix très-forte : *aux armes !* Mme Dumoustiér, entendant cette parole, dite d'un ton effrayant, est prise d'un saisissement : — « C'est mon fils, dit-elle, qui crie aux armes ; apparemment que les bleus sont arrivés ; » puis, entendant un grand bruit à la porte, elle y court, tire la barre qui servait à la fermer, et dit à la compagnie de fuir par ailleurs.

Tous saisissent leurs armes, et vont pour
sortir par les portes et par les fenêtres du
jardin ; mais ils le voient rempli de soldats.
Ils se tournent vers la cour et vont dans le
bâtiment neuf, du côte de la fuie et de l'a-
venue du bourg : partout ils aperçoivent des
bleus rangés et gardant toutes les issues. Ils
se décident alors à faire une décharge sur
eux, du côté du bâtiment neuf, afin de s'ouvrir un passage par la grande avenue, ce
qui leur réussit ; puis ils sautent par une
fenêtre et s'enfuient vers le bourg. Cependant les bleus, qui s'étaient un moment re-
pliés, les voyant s'enfuir, firent à leur tour
une décharge sur eux et blessèrent au côté
M. de Soles, général du Morbihan ; ce qui
ne l'empêcha pas de revenir au bourg et de
se faire panser. Mais le jeune Dumoustier,
nommé Constant, fut moins heureux. Blessé
à mort, au moment où il sautait par la fenêtre, les bleus l'achevèrent sur le champ.
D'un autre côté, M. Dumoustier aîné conti-
nuait de se battre courageusement contre
les deux soldats qu'il avait blessés et re-
poussés hors de la maison. Mais d'autres
étant venus au secours de leurs camarades,
il ne put résister au nombre, et il tomba
baigné dans son sang et couvert de blessures.
Les bleus le taillèrent en pièces, et il expira.

» Pendant ce temps-là, Mme Dumoustier
voyant ses fils enfuis, s'occupait de sauver
ses demoiselles et un petit jeune homme
qui était resté dans la salle, et que l'on déguisa sous des habits de femme. Les bleus,
après avoir longtemps heurté à la porte,
qu'on feignait de ne pouvoir ouvrir, afin de
gagner du temps, entrèrent enfin. Ils ne
firent point de mal aux demoiselles ; mais
le petit jeune homme n'ayant pu soutenir
son personnage, se trahit lui-même, et fut
égorgé à l'instant. Ce fut alors qu'ils accablèrent Mme Dumoustier d'injures et de
reproches. Ils pillèrent la maison ; s'empa-
rèrent de tout ce qu'il y avait de plus précieux, burent et mangèrent tant qu'ils
voulurent, et, en se retirant, tuèrent ou emmenèrent tous les hommes qu'ils rencontrèrent.

» Le second fils de Mme Dumoustier,
nommé Elie, restait encore. Il était dans la
cuisine. Voyant les bleus entrer, il se mit
à les prier de boire et de manger, et s'offrit
même d'aller tirer du vin au cellier ; mais
ceux-ci, qui voulaient le tuer comme les
autres, et, cependant, avoir à boire, allèrent l'accompagner. Elie qui cherchait les
moyens de s'échapper, au lieu de les conduire à la cave de la maison, les mena au

cellier de la ferme ; et, passant près du
métayer Robinard , il lui fit part, en quelques mots et à voix basse, de son embarras.
Celui-ci, en conséquence, alla ouvrir une
porte secrète, qui donnait sur le bois. Elie,
faisant l'homme de bonne volonté , tire un
pot de cidre et donne à boire à l'un des
bleus ; il donne un pot vide à un autre,
et lui dit de tirer lui-même. Pendant que
les uns boivent et que les autres tirent, il
feint de chercher un autre pot et fait tomber la chandelle qui s'éteint , puis passe
par la porte secrète qu'il referme après lui
et s'élance dans le bois, laissant les bleus à
tirer et à boire. C'est ainsi que, par un effet
de la Providence qui favorisa son adresse,
il échappa à la mort certaine qui le menaçait (1).

» Durant tout ce vacarme, j'étais à l'église
à confesser. Comme il faissait un peu clair

(1) Une variante dit que M. Elie Dumoustier échappa
aux mains des bleus, pendant que ceux-ci se faisaient
donner du linge par la fermière, et s'occupaient à le ranger
dans leurs sacs. En comparant les diverses relations que
nous avons sous les yeux, nous sommes porté à croire que
les deux circonstances se lient, et que le vol de linge
précéda l'entrée au cellier, où les choses se passèrent ainsi
que M. Orain le rapporte. Cette remarque est de peu
d'importance en elle-même; nous la faisons néanmoins,
dans l'intérêt de la vérité.

de lune, il y était venu beaucoup de monde. Le temps était fort calme et le vent apportait beaucoup du côté du Dreneuc. Plusieurs personnes entendirent du cimetière les bruits qui en arrivaient et les décharges de fusils. On m'en prévins ; je sortis et prêtai l'oreille ; mais je ne pus rien distinguer, et je retournai confesser. Quelque temps après, je sortis encore, et j'allai sur les Bossettes, d'où je pouvais mieux percevoir les bruits. Alors nous entendîmes quelqu'un qui montait le chemin du Trégomet et nous cria : — *«Qui vive?»* Je lui répondis :—*«Amis!»* C'était M. de Soles. Il nous apprit que les bleus étaient au Dreneuc, qu'ils avaient tué quelqu'un, mais qu'il ne savait pas qui c'était et que lui-même avait reçu un coup de feu dans le côté, en s'enfuyant. Il me demanda un chirurgien pour panser sa plaie ; je le fis conduire à M. Pelaud, de la Bréverie, qui examina sa blessure et y mit les appareils nécessaires, après quoi M. de Soles continua sa route vers Rieux.

» Peu de temps après, nous entendîmes la troupe qui reprenait la route de Blain, et deux coups de fusil tirés à certain intervalle. C'étaient deux hommes pris au Dreneuc, qu'ils fusillaient afin de n'avoir pas la peine de les conduire jusqu'à Blain. Ils les dépouillèrent de tous leurs vêtements et les laissèrent sur le chemin. Quelques jours après, les habitants des environs les découvrirent et les enterrèrent. Cependant j'avais continué de confesser ce que j'avais de monde; après quoi j'étais allé me coucher dans le bourg, chez Jeanne Bocquel. Un peu après, j'entendis quelque bruit : c'était les corps des Messieurs Dumoustier et du jeune homme qu'on amenait au cimetière, et qu'on inhuma sans bruit, sans cérémonie et sans prières.

» A partir de ce jour, la pauvre mère, Mme Dumoustier, fut inconsolable de ce désastre, arrivé dans sa maison. On avait tout pillé, tout enlevé chez elle; n'ayant plus rien, elle prit le parti d'aller trouver les dames Donissant et de Lescure, qu'elle avait reçues et gardées chez elle après la défaite de Savenay. Ces dames lui donnèrent l'hospitalité à leur tour, et lui rendirent, à elle et à sa fille, jusqu'à sa mort, qui ne tarda pas beaucoup, tous les services qu'elle leur avait rendus elle-même, en 1794. »

Au nombre des personnes qui habitèrent Fégréac en ces temps malheureux, et qui furent en rapports constants avec M. Orain, nous ne pouvons omettre de mentionner les prêtres réfugiés. La sécurité comparative-

ment plus grande dont ils jouissaient dans
cette paroisse, les y attirait de toutes parts,
et en si grand nombre, qu'une nuit de
Noël, il y fut célébré trente-six messes.
Chose non moins remarquable, et qui ne
peut s'expliquer que par la protection particulière dont la Providence couvrait cette
paroisse, pas un de ces prêtres n'y fut fait
prisonnier, pendant toute la durée de la
persécution. Cette faveur insigne a mis sur
les lèvres de M. Orain quelques paroles qui
témoignent autant de la bonté de son cœur
que de son humble soumission aux décrets
de la Providence : « Lorsque j'allais à Té-
» hillac, dit-il, j'y trouvai, entre autres,
   M. Corbillé, mon intime ami. Je l'enga-
» geai beaucoup à venir avec moi à Fégréac;
» mais il voulut absolument s'en retourner
» à Bouvron, où il était vicaire, parce qu'il
» n'y avait point de prêtre en cet endroit,
» et il pensait que sa présence y était né-
» cessaire. Mais j'appris, quelque temps
» après, qu'il avait été massacré par les
» bleus; ce qui m'affligea beaucoup. » Il
faut dire aussi que le soin particulier que
M. Orain prenait de ses confrères persécutés, et l'empressement des habitants de Fégréac à les recevoir et à les cacher chez eux,
ne contribuèrent pas peu à augmenter leur

nombre. Indépendamment de ceux dont nous avons déjà parlé et de ceux dont nous parlerons encore, nous devons citer ici MM. Barbier, de Vay (un seul était prêtre), que M. Orain plaça chez Michel Annelx; un prêtre vendéen, nommé M. Georges, et plusieurs autres, échappés au désastre de Savenay. Il les dissémina à la Basse-Abbaye, chez l'adjoint Philippe Poulain, au château de la Touche-Saint-Joseph, etc... M. Mangeard, recteur de Guémené-Penfao, poursuivi à outrance par le fameux P. M., était revenu à Fégréac, et se tenait caché à la Graslais. Il y reçut un jour la visite de deux de ses paroissiens de Guémené, qu'il croyait ses amis, et qui, après avoir pris une parfaite connaissance des lieux, eurent la bassesse d'y revenir avec un détachement de troupe. Ils se seraient infailliblement emparé de leur curé, si les habitants de la Graslais n'avaient été sur leurs gardes, et ne l'avaient averti assez à temps de prendre la fuite.

M. Orain fut un jour prévenu que plusieurs prêtres bretons, du diocèse de Vannes, venaient lui demander l'hospitalité. Il s'empressa aussitôt de tout préparer pour les bien recevoir, et il envoya les attendre, au bac de Rieux, des femmes qui, sous prétexte de mener paître leurs bestiaux et de les ramener, reconnaissaient cesMessieurs à un mot d'ordre, et les conduisaient chez les particuliers qui devaient les loger. On ne saurait dire combien était grande la consolation de ces vénérables fugitifs, en se voyant accueillis avec tant de charité par ces bons fidèles; mais M. Orain était particulièrement leur ange tutélaire. Il les visitait le plus souvent possible dans leurs retraites; leur faisait partager, en certaines occasions, l'exercice de son saint ministère; et, quand les temps étaient plus calmes, il les réunissait à dîner dans quelque maison sûre et dévouée.

Ces réunions avaient, en ces temps de persécution, un charme et une utilité qu'elles ne peuvent avoir en temps de paix. Tous ces courageux confesseurs de la foi se renseignaient, s'exhortaient mutuellement à la patience et à la persévérance, et ils se séparaient pleins d'une nouvelle ardeur et prêts à tout souffrir, même la mort, plutôt que d'abandonner la sainte cause de Dieu. Le désordre des événements et la mobilité des lois faisaient fréquemment surgir des questions graves et embarrassantes pour la direction des âmes et pour la conscience même des prêtres. C'était dans ces réunions qu'ils les examinaient et qu'ils s'entendaient sur la conduite à tenir. C'est ainsi que nous voyons par les manuscrits de M. Orain, combien la question dite de *la soumission* leur causa de sollicitude. Il s'agissait de savoir si une formule de serment, que le Premier Consul tenta d'abord de substituer à celui de la constitution civile du clergé, pouvait ou non être admise en conscience. C'était une promesse de soumission au nouveau gouvernement, qui paraissait abandonner les errements des gouvernements précédents, et annoncer une ère plus sereine. La formule de cette promesse était d'ailleurs assez mal définie et à peu près abandonnée aux gouverneurs des provinces. Un grand nombre d'évêques et de prêtres, principalement de ceux qui s'étaient retirés à l'étranger, se montrèrent hostiles à cet acte, par la crainte qu'il ne cachât encore quelques germes de schisme. Ce fut le contraire parmi ceux qui étaient restés en France et qui supportaient tout le poids de la persécution. Plusieurs crurent pouvoir acheter la consolation de rentrer légalement dans leurs paroisses au moyen de cette promesse, modifiée d'ailleurs selon leur conscience. M. Orain paraît avoir été assez tolérant sur ce point à l'égard de ses confrères. L'Eglise elle-même semblait laisser faire; le bien des âmes y était intéressé, et les *soumission-*

naires pouvaient adopter des formules qui sauvegardaient complétement leur foi. Quant à lui personnellement, il crut néanmoins devoir s'abstenir, par cette raison fort simple qu'ayant traversé l'époque de la terreur sans se faire aucun besoin de l'autorisation du gouvernement civil pour administrer ses paroissiens, il s'en passerait bien encore, et à plus forte raison, dans un temps qui devenait moins orageux. C'est pourquoi il attendit que la Providence résolut elle-même la question, ce qui arriva en effet à l'apparition du Concordat. C'est ainsi que ce courageux prêtre conserva sa conscience pure, non-seulement de tout serment schismatique, mais encore de toute promesse suspecte (1).

(1) Il faut dire aussi que le gouvernement ménageait alors les susceptibilités religieuses, là où il les croyait plus vives, et ne se montra pas exigeant, au sujet de la *promesse*, dans le département de la Loire-Inférieure. Voici ce que son premier préfet, le régicide Letourneux, écrivait à cette occasion, le 23 août 1800, au ministre de la police : — « Tel » est le stupide aveuglement des habitants (de ces campagnes), qu'ils ne peuvent être maintenus en paix qu'au » moyen de la libre pratique de leur culte exercé par des » prêtres insermentés. » Ces paroles, dignes de l'épithète qu'elles donnent à ces héroïques populations, fait leur plus bel éloge, et leur méritèrent le privilége glorieux de jouir des prémices de la paix.

Mais à l'époque dont nous parlons, et où les prêtres cherchaient un refuge à Fégréac, on était encore loin de cette heureuse pacification. Le soin de ses confrères était une des principales sollicitudes de M. Orain, d'autant plus qu'elle s'étendait aux prêtres des paroisses voisines, et particulièrement à ceux qui se dévouaient, comme lui, aux dangers du ministère actif. Nous en voyons un exemple dans un récit qu'il nous a laissé et qui met en lumière de nouvelles péripéties et de nouveaux dévouements.

« C'est la conduite de mes confrères, les vicaires de Plessé et de Guémené, dit-il, qui m'avait porté à faire ces visites dans leurs villages. Ces respectables prêtres avaient bien plus à craindre, et bien plus de précautions à prendre que moi, qui étais sûr de presque tous ceux qui m'entouraient. J'avais quelquefois accompagné ces Messieurs dans les courses nocturnes qu'ils faisaient pour instruire et soutenir les fidèles, et nous y trouvions beaucoup de consolation ; car ces bonnes gens écoutaient avec avidité la parole de Dieu, que nous leur annoncions. Nous n'allions pas les voir aussi souvent qu'ils l'auraient désiré. Nous nous faisions d'abord annoncer par quelques per-

sonnes sûres qui choisissaient et prépa-
raient une maison convenable. On avertis-
sait secrétement les fidèles des environs;
on leur indiquait le lieu et l'heure où ils
devaient venir; on posait des sentinelles;
après quoi, nous nous rendions; nous confessions; nous disions la sainte messe;
nous donnions la communion; nous faisions
les baptêmes et les mariages, s'il s'en présentait, et surtout nous adressions des
exhortations et des instructions appropriées
aux circonstances et aux besoins des fidèles. Nous avions soin de terminer avant
le jour, et de revenir de grand matin au
lieu de notre retraite, afin qu'il ne parut
rien de notre passage.

» C'est ainsi que faisaient mes respectables confrères, MM. Robin, Courtois, Vauléon, de Plessé, et Chatelier, recteur de
Cordemais. Nous nous retirions ordinairement à Trégouet, en Plessé, chez la tante
de M. Robin, qui mourut en ce temps, et
alla sans doute recevoir au ciel la récompense de ses bonnes œuvres. Elle laissa
deux excellents enfants : un fils nommé
Jean Gicou, qui fit un mariage très-chré-
tien à Guémené, et une fille appelée Jeanne.
Celle-ci resta célibataire et se consacra à
l'éducation des petites filles de son village

et des environs, auxquelles elle faisait le catéchisme avec un succès remarquable. Cette personne se recommandait par sa piété et par toutes sortes de bonnes qualités; elle eut la bonté de nous rendre les plus grands services pendant la Révolution; et comme elle ne se lassait pas de faire le bien, elle ne cessa pas d'être persécutée, ainsi que sa servante, Nannon, qui fit preuve d'un courage et d'une fermeté admirables devant les autorités de Blain, où elle fut conduite et mise en prison.

» Dans les temps où nous nous retirâmes chez cette respectable fille, à laquelle nous donnions le nom de cousine, nous eûmes quelques alertes. Une entre autres, à l'époque où l'on recherchait également les conscrits et les prêtres, les uns pour les faire rejoindre l'armée, et les autres pour les envoyer à la Guyanne ou à Cayenne. Nous étions quatre prêtres à Trégouet, MM. Robin, Courtois, Vauléon et moi; les nuits précédentes, nous avions fait plusieurs tournées en Guémené, au Verger et en plusieurs autres villages de Plessé, et nous nous proposions d'y retourner encore les nuits suivantes.

Mais, comme nous étions à dîner chez la cousine, on vint nous dire: — « Les *cent-sous* de Plessé sont au village de Sain ; ils fouillent, ils pillent, ils pourront bien venir ici ; soyez sur vos gardes. » Nous nous empressâmes aussitôt de mettre en sûreté les objets qui pouvaient nous trahir. Un instant après, un second messager vînt nous dire : — « Les bleus sont à Calétré; » puis un troisième : — « Ils arrivent à la Bourdais. » Voyant qu'ils s'avançaient si rapidement, nous nous hâtâmes encore d'avantage, et nous allâmes dans un bois, près de Trégouet, nommé le bois des Abîmes. Là, les jeunes conscrits avaient pratiqué un souterrain fort bien disposé, et qu'il fallait absolument connaître, pour le trouver. Nous nous y retirâmes neuf, tant prêtres que conscrits. M. Robin était allé se reposer dans une autre retraite moins bien cachée, au milieu des broussailles et des haies de prés, vers la forêt du Pont. A peine étions-nous entrés dans notre souterrain, que nous entendîmes les *cent-sous* courir dans le bois, et se crier les uns aux autres, de bien chercher, qu'il y avait par là des prêtres cachés. Les conscrits reconnurent, à la voix, un patriote de Plessé, nommé Languille, qui remarqua nos traces, et accourut avec un aùtre, par la route de notre souterrain; mais comme nous avions eu la précaution de nous avan-

cer dans cette route, plus loin que le souterrain, et de revenir ensuite en marchant
sur des feuillages, ils passèrent outre. Nous
les entendîmes fort bien se dire : — « Ils
ont passé par ici ; car voici leurs pas ; cou
rons, nous les tenons bientôt. » N'apercevant plus de traces, ils crièrent à leurs camarades : — « Guettez, guettez, là-bas; » nous
les, entendîmes encore revenir auprès du
souterrain, en nous cherchant, puis tirer
un coup de fusil. Quant à nous, nous gar-
dions le plus profond silence ; et nous
étions fort inquiets, au sujet de notre confrère M. Robin ; mais sa cousine ayant vu
les *cent-sous* arriver au village, avait couru
promptement l'éveiller et l'avertir de ce
qui se passait. Il n'eut que le temps de
prendre son bréviaire et quelques autres
petits objets, et de s'enfuir dans la forêt du
Pont. Les bleus découvrirent sa cellule, la
pillèrent, et emportèrent ses draps, ses
couëttes, des livres qui appartenaient à
M. Courtois, et tout ce qu'ils purent trouver
à leur convenance ; après quoi, ils mirent
le feu à la cabane et l'incendièrent avec
tous les objets qui y restaient. Enfin, ils
retournèrent à Plessé, avec leur butin.
Cette perquisition nous obligea à nous
séparer. Je retournai la nuit suivante à

Fégréac; ces Messieurs cherchèrent un refuge ailleurs.

» Tout le village de Trégouet était excellent et tous ses habitants étaient dans les bons principes, aussi ne manquaient-ils pas de secours spirituels. M. Courtois fut sur le point d'y être pris, un autre jour, et il ne dût sa conservation qu'au courage et à la fermeté des Evelin, qui étaient trois ou quatre grands garçons, demeurant dans le village, avec leur mère. M. Courtois était chez eux, lorsqu'on vit arriver dans la rue quatre gendarmes à cheval, cherchant des prêtres et des conscrits. L'aîné des Evelin sort aussitôt et va parler à ces gendarmes, afin de donner à M. Courtois le temps de s'enfuir par la porte de derrière; mais voilà que celui-ci, qui avait presque perdu la tête, au lieu de s'évader par cette porte, sort par celle de la rue, à la vue des bleus, passe et repasse un méchant échalier pour entrer dans un pré, et se met à courir. Les bleus le voyant prendre la fuite, s'écrièrent : — « Voilà le calotin qui se sauve ; arrête ! arrête ! » M. Courtois reste alors comme interdit et revient sur ses pas. Le gendarme pique son cheval pour fondre sur lui. Evelin saute à la bride, et le retient : — « N'avance pas, dit-il, c'est un de mes

8

voisins qui s'en retourne chez lui, où il a affaire. — Pourquoi court-il donc ? etc... » Cependant, M. Courtois ne sait s'il doit s'enfuir ou non. Un autre des Evelin s'en aperçoit, court à lui, et le détermine à reprendre sa fuite, en faisant un détour qui le mettait hors de la portée des bleus. Le cavalier s'était néanmoins dégagé des mains de l'aîné des Evelin ; il franchit la haie du pré et lance son cheval au galop jusqu'au lieu où M. Courtois avait disparu. C'était un chemin creux et fort mauvais. Le cheval voit le précipice, recule et tombe en renversant son cavalier, qui s'en tira comme il put. Mais M. Courtois eut le temps de gagner la forêt du Pont, qu'il connaissait parfaitement. Les bleus firent ensuite une fouille rigoureuse dans le village ; mais, heureusement, ils n'y trouvèrent rien de compromettant. »

Nous ne terminerons pas ce chapitre sans dire quelque chose des deux ou trois autres paroisses, voisines de Fégréac, et dont M. Orain lui-même fait l'éloge :

« Pendant le temps de la révolution, dit-il, j'allais aussi visiter les bons chrétiens de Téhillac. C'était une trève ou succursale de Missillac, et du diocèse de Nantes. Le peuple était très-bon et très-sûr ; il se ressentait des soins qu'en avait pris le respectable M. François Besnier, natif de Sévérac, qui avait gouverné cette succursale avec édification pendant plusieurs années, et qui était mort regretté de tous ceux qui le connaissaient. C'était avec autant de plaisir pour moi que d'avantage pour eux, que j'allais les visiter, les soutenir et les engager à persévérer. Lorsque les circonstances le permettaient, je leur disais la messe, je les confessais et les instruisais ; ce dont ils étaient très-désireux : je l'ai fait quelquefois à la Petite-Noë, dans une maison particulière, et d'autres fois à l'église, quand il n'y avait pas de danger.

» Je me souviens qu'un jour j'y étais allé confesser ; j'annonçai une messe solennelle pour le lendemain ; il s'y rendit beaucoup de monde ; j'en profitai, selon ma coutume, pour les prêcher et leur donner les avis que je croyais nécessaires. Parmi les auditeurs, se trouvait une mère qui avait amené son petit enfant, âgé de trois à quatre ans, et elle lui avait recommandé d'être bien sage. Cet enfant était charmé du chant des cantiques, de la messe et de toutes les cérémonies qu'il considérait avec d'autant plus d'admiration qu'il n'avait jamais rien vu de semblable. Mais quand il me vit en chaire et qu'il m'en tendit prêcher, il parut fort inquiet, ne sachant ce que cela signifiait. En me regardant, il répétait souvent : — « *Il querelle , il querelle.* » Enfin , après m'avoir écouté pendant quelque temps , les yeux attentivement fixés sur moi : — « *Ma mère !* » dit-il, d'une voix un peu haute ; la mère lui imposa silence aussitôt, et l'engagea à se tenir tranquille , comme il l'avait promis. L'enfant obéit et continue de me regarder et d'écouter. Enfin, une troisième fois, il dit encore, d'une voix plus haute : — « *Ma mère ! ma mère ! —* Que veux-tu donc, mon fils, dit celle-ci ?— *Qu'est-ce qu'il a donc celui-là ,* reprit-il en me regardant, *à quereller si longtemps tout seul ; tandis que personne ne lui dit rien ?* La mère, surprise d'une saillie si singulière de cet enfant, eut toutes les peines du monde à se contenir et à ne pas éclater de rire, ainsi que les autres personnes qui l'entendirent. »

Saint-Nicolas-de-Redon , paroisse limitrophe de celle de Fégréac , et renfermée comme elle dans l'angle formé par l'Isaac et la Vilaine, ne fut pas moins remarquable par sa persévérance dans la foi, et par les visites fréquentes et salutaires que voulut bien y faire le charitable prêtre.

« Les habitants de Saint-Nicolas-de-Redon (autrefois trêve d'Avessac), montrèrent,

dit-il, de si bons sentiments, que je ne pus
m'empêcher de leur donner mes soins, comme à ceux de Fégréac; surtout depuis
1795, où ils commencèrent, grâce à une plus
grande tranquillité, à venir à Fégréac; leurs
enfants suivaient nos catéchismes. M. Maugendre, leur desservant, devenu entièrement
sourd, nous les adressait lui-même; en sorte
qu'ils furent considérés, depuis lors, comme
étant de Fégréac. Lorsque les temps devinrent plus difficiles, j'allai moi-même, presque
toutes les semaines, les visiter et les confesser. J'allais tantôt dans la frairie de Ros,
tantôt dans celle de Quintignac, et jusqu'au
bourg, dans des maisons particulières, où il
venait beaucoup de monde me trouver. J'eus
la consolation de voir ces fidèles se montrer
très-avides de la parole de Dieu, que je ne
manquais jamais de leur annoncer, et très-
empressés de la mettre à profit. A Quinsi-
gnac, particulièrement, il s'opéra un grand
changement dans la jeunesse qui, auparavant, se livrait aux danses et aux divertisse-
ments dissolus, non seulement les jours sur
semaine, mais encore les dimanches et les
fêtes. Toutes ces danses furent abolies, et, à
leur place, on établit la prière, le chapelet,
les bonnes lectures et le chant des cantiques.
Les anciens ne pouvaient se lasser d'admirer
cet heureux changement. — « Combien la jeu-

nesse, disaient-ils, se comporte mieux qu'elle ne le faisait autrefois! Dans notre temps, ce n'était que danses et scandales, même les jours consacrés à Dieu; nos filles, maintenant, sont plus sages que nous n'étions nous-mêmes. » Plusieurs étaient citées comme des modèles de vertu, particulièrement Françoise Tefaine, fille d'une bonne veuve chez laquelle je me retirais quand j'allais dans ce village ; et une jeune veuve, nommée Perrine Téfanie. Comme elles savaient lire, elles faisaient des lectures et chantaient des cantiques dans les maisons où les fidèles se réunissaient; et ainsi, la piété s'entretenait parmi eux, au moyen de quelques bons livres que je leur procurais.

» Je continuai ces visites jusqu'au temps de l'organisation, où je quittai Fégréac pour aller à Derval. J'ai appris depuis que ces braves gens ont conservé longtemps le souvenir des visites que je leur faisais, ce qui m'a fait connaître que l'heureux changement qui s'était opéré parmi eux, était venu de leurs bonnes dispositions et de la grâce de Dieu, bien plus que des faibles soins que j'avais pu leur donner.

» Dans le bourg de Saint-Nicolas, je trouvai aussi d'excellents chrétiens : par exemple, M. Armand-Louis Panhéleux et son épouse, chez qui je me retirais presque toujours lorsque j'allais à Saint-Nicolas ; la veuve Sévestre et ses filles; Nicolas Bernier, et plusieurs autres familles. C'étaient de bien bonnes âmes. M. et Mme Panhéleux sont morts saintement et sont, sans doute, allés recevoir au ciel la récompense des bonnes œuvres qu'ils ont faites pendant toute leur vie. »

La bonne et chrétienne petite ville de Redon fut également l'objet des sollicitudes pastorales de M. Orain, pendant et même après la Révolution ; c'est pourquoi nous nous permettrons de la mentionner ici. Il est vrai qu'elle fut aussi le chef-lieu d'un district révolutionnaire, et que souvent des détachements de soldats partirent de son sein, pour aller à la recherche des fidèles ministres de Dieu. Il est vrai, même, que son sol fut arrosé du sang de quelques-uns d'entre eux ; mais ces actes furent exclusivement le fait des agents de la terreur : la population toute entière les avait en horreur. Aujourd'hui, le sang de ces martyrs est son honneur. On nous saura gré de rappeler, ici, un de ces faits qui méritent de ne plus sortir ni de ses annales ni de sa mémoire ; nous l'empruntons à l'*Histoire de la Persécution révolutionnaire en Bretagne*, *par M. l'abbé Tresvaux.*

« Les premiers que les tribunaux condamnèrent, en vertu de la loi du 17 septembre 1793, qui assimilait les déportés aux émigrés, furent deux prêtres du diocèse de Vannes (Redon appartenait alors à ce diocèse), M. Michel Després et M. Julien Racapé. M. Després, natif de Brains, était attaché à cette paroisse, peut-être en qua- lité de vicaire. Tombé entre les mains des républicains, il fut déclaré rebelle à la loi, et subit son arrêt le 28 octobre 1793. Le second, né dans la paroisse de Saint-Just, était un jeune homme d'un caractère doux et timide... Il fit ses études au collége de Vannes, où il eut constamment une con- duite édifiante ; et, après avoir été élevé au sacerdoce, il devint vicaire de Brains. Lors de l'expulsion des prêtres, il alla se cacher dans sa paroisse natale et chez ses parents. Un jour, éprouvant la crainte de les com- promettre ou de ne pas être assez en sûreté chez eux, il voulut chercher un asile ailleurs. Cette démarche causa sa perte : avant la fin de la journée, il était arrêté et jeté dans les prisons de Redon. Il n'en sortit que pour paraître devant le tribunal qui le condamna à mort.

» M. Racapé se montra devant ses juges plein de foi, de franchise et de candeur. Loin de chercher à sauver sa vie par le déguisement et le mensonge, il ne craignit point de manifester son horreur pour le serment. L'échafaud ne l'effraya pas, et en marchant au supplice, le 1ᵉʳ novembre, jour de la Toussaint, il chantait ce cantique composé par le vénérable P. Monfort : *Allons, mon âme, allons au bonheur vérita-ble,* etc... Les habitants de Redon, qui, pour le plus grand nombre, étaient très-attachés à la religion, éprouvèrent une vive douleur de la condamnation de ces deux prêtres, et, ne pouvant les arracher au trépas, ils recueillirent au moins avec respect le sang de ces confesseurs, et le conservèrent religieusement. Ils sont les seuls ecclésiastiques qui ont péri sur l'échafaud de Redon. Le bourreau qui les avait exécutés, profondément touché de leur piété et de leur douceur, exprima hautement la douleur qu'il éprouvait d'avoir contribué à la mort de ces deux hommes vertueux ; il renonça à sa profession, et mourut lui-même bientôt après, sans avoir pu se consoler de la part qu'il avait prise à ce crime. »

Puissent ces catholiques contrées, ne jamais oublier ces touchants et glorieux exemples, et se montrer toujours dignes de la foi de leurs pères !

CHAPITRE IV.

—

SI, pendant lés dix années de la Révolution, M. Orain et ses paroissiens s'ex-
posèrent à tant de périls et de sacrifices,
ce fut uniquement par un motif religieux et
pour conserver les avantages inestimables
de la foi. Leur conduite, sous ce rapport,

rappelle celle des chrétiens des anciens âges ; leur union, leur patience, leur courage, offrirent un spectacle digne de Dieu et des anges. Ce que nous avons déjà raconté met cette vérité en lumière. Ce qui nous reste à dire la fera ressortir encore davantage. Nous verrons spécialement, dans ce chapitre, M. Orain se livrant à ses fonctions sacrées, administrant les sacrements, et, aidé des fidèles habitants de Fégréac, courant avec eux de nouveaux dangers.

Persuadé que le premier devoir du chrétien est de rendre à son Créateur l'hommage qui lui est dû, le zélé prêtre jugea que son premier soin devait être d'entretenir dans sa paroisse non-seulement le culte privé, mais encore le culte public, autant que le permettaient les circonstances. C'est pourquoi il ne **cessa** point de célébrer les saints offices, dans l'église paroissiale, quand la sécurité lui paraissait suffisante, et dans les chapelles ou même dans les granges, quand le danger devenait plus imminent. La présence des bleus dans la paroisse n'était pas pour lui un motif suffisant de suspendre les cérémonies religieuses. Il lui arriva souvent de chanter la messe ou les vêpres sur un point, pendant que les soldats le cherchaient sur un autre;

il ne s'interrompait que lorsqu'on lui annonçait leur présence immédiate, et dès
qu'ils s'étaient éloignés, il réunissait de
nouveau les fidèles et terminait avec eux
l'exercice commencé. Cette manière d'agir
le jeta souvent dans de grands périls, et sa
hardiesse eut fini par lui être funeste, ainsi
qu'à ses paroissiens, si Dieu ne s'était plu
à les couvrir d'une protection spéciale et
presque miraculeuse. Laissons-le s'expliquer lui-même sur ce sujet.

« La bonne conduite des habitants de
Fégréac, dit-il, et la parfaite intelligence qui
régnait entre eux, leur a procuré l'avantage
d'avoir toujours les secours spirituels qui
leur étaient nécessaires, même au fort de la
persécution. Il n'est presque pas de dimanches et de fêtes qu'ils n'aient eu la messe
et les autres offices plus ou moins publiquement, suivant le temps et les circonstances.
Quand il y avait un peu de tranquillité, je
faisais l'office à l'église ; quand il y en avait
moins, je le faisais dans les chapelles, surtout à Saint-Armel, à Saint-Joseph et à
Villeberte ; quand il n'y en avait aucunement, je le faisais dans des maisons ou dans
des granges, mais presque jamais deux fois
de suite dans le même endroit. Afin de faire
diversion, j'allais une fois dans un quartier

de la paroisse, une autre fois à l'extrémité opposée, selon que je le croyais à propos. Je ne le faisais savoir ordinairement que la veille, afin que les républicains apprissent le lundi seulement où j'avais dit la messe le dimanche. Il leur arriva quelquefois de venir le samedi suivant, au soir, où ils savaient que les offices avaient eu lieu le dimanche précédent, mais ils n'y trouvaient plus rien : l'assemblée des fidèles, ce jour-là, se faisait ailleurs.

» J'ai eu bien souvent des alertes, mais la Providence a pris tant de soin de moi, que nous n'avons jamais été surpris. J'avais, il est vrai, la précaution de placer des sentinelles chargées de nous avertir en cas de surprise ; mais je serais bien ingrat envers Dieu, si j'attribuais le moindre succès à ma prudence ou à mes précautions. Je le sentais bien, et il n'était pas possible de le méconnaître. Les fidèles eux-mêmes, ne pouvaient s'empêcher de dire hautement que cette sécurité dont nous jouissions ne venait que d'une protection spéciale de Dieu, qui voulait montrer à ses ennemis que, malgré leurs efforts, il saurait bien, quand il le voudrait, se réserver encore quelques petits endroits où de vrais fidèles pourraient se rassembler, afin de le dédommager des insultes qu'il recevait de la part des impies. C'est aussi ce que je représentais à mes bonnes gens dans les instructions que je ne manquais jamais de leur faire, estimant l'instruction aussi nécessaire que la prière, dans ces temps malheureux, pour soutenir leur foi et animer leur confiance en la miséricorde de Dieu. C'est aussi sous ce point de vue que j'adressais mes faibles prières à Dieu ; car c'est à la prière, et surtout à l'intercession de la sainte Vierge, que j'avais recours pour savoir ce que je devais faire dans les perplexités où je me trouvais souvent; et quoique j'en fusse absolument indigne, Dieu a bien voulu, par sa pure bonté, me protéger d'une manière presque miraculeuse dans des circonstances où la prudence humaine et les précautions naturelles n'étaient assurément pour rien. »

Voici quelques traits empruntés à l'enquête et qui viennent à l'appui des considérations précédentes. Ils fourniront de nouveaux exemples de ce que nous avons déjà remarqué que, même parmi les ennemis de la religion, se trouvaient de nobles cœurs, auxquels répugnait souverainement le rôle de persécuteurs qu'on leur faisait jouer malgré eux.

Un jour, rapportent des témoins, M.

Orain disait la messe à l'église, à l'autel du
Rosaire ; un épais brouillard ayant empêché
les sentinelles montées au clocher d'apercevoir les bleus, ceux ci arrivèrent dans le
bourg avant qu'on en fut averti et qu'on
put s'enfuir. L'alarme donnée dans l'église
y jeta la consternation; M. Orain lui-même
eut un moment d'angoisse inexprimable.
Cependant, reprenant son sang-froid, il se
contenta de commander le plus profond
silence, fit fermer doucement les portes et
acheva le saint Sacrifice. Malgré ces précautions, l'agitation qui se manifesta dans le
bourg les eût infailliblement trahis, si le
chef, qui était bien intentionné et qui remarqua cette inquiétude, n'eut feint d'apprendre que le prêtre venait de fuir vers
Pontminy, et n'eut immédiatement donné
l'ordre à sa troupe de marcher vers cet
endroit.

Un autre jour, continuent les mêmes
témoins, M. Orain disait la sainte messe au
village de Nappes, dans une grange appartenant au nommé Roulet; les paroles de la
consécration venaient d'être prononcées,
quand le cri : — « Voici les bleus ! » re-
tentit. Chacun se met aussitôt en devoir de
fuir ; mais les portes de la grange ouvraient
en dedans, et se refermaient sous la pression

de la foule. Un grand tumulte s'en suivit, on craignait des accidents, et le pire de tout eût été l'arrivée des soldats qui passaient à peine à trois cents mètres de distance. Ils seraient sans doute accourus au bruit, si, ce jour-là, Dieu n'avait permis qu'ils fussent conduits par le brigadier Lacner, dont nous avons parlé dans le chapitre précédent, et qui, connaissant ce village pour être un refuge de M. Orain, passa outre.

Un autre jour encore, le courageux prêtre offrait le saint Sacrifice au même lieu. Il touchait au moment solennel de la communion, lorsque des soldats arrivèrent aux abords du village. Cette fois, ils n'étaient point conduits par un guide ami. Mais Dieu permet que personne ne se déconcerte. M. Orain consomme promptement les saintes hosties, dépose les vêtements sacerdotaux, et, environné d'un groupe d'hommes qui se forme autour de lui, il réussit, au milieu du tumulte, à atteindre le bois voisin et à assurer sa fuite. De leur côté, les femmes s'emparent des ornements et des vases sacrés, les cachent sous leurs manteaux et dans leurs tabliers, et les sauvent en fuyant dans des directions diverses. C'est en vain que les soldats font des menaces pour qu'on leur livre le prêtre ; l'opiniâtreté et la bonne contenance des fidèles leur en imposent, et, de guerre lasse , ils les laissent tranquilles.

Une surprise analogue, mais accompagnée de circonstances plus graves, eut lieu à la chapelle Saint-Armel. Le prêtre y disait la messe, et l'enceinte était remplie d'une foule nombreuse qui s'y croyait en parfaite sécurité ; mais des bleus partis de Guémené arrivèrent, en se cachant, jusqu'aux environs. Ils rencontrent une femme qui se rendait à la chapelle, l'interrogent, la menacent et vont jusqu'à la mettre en joue, afin de savoir d'elle où elle va et où se trouve le prêtre. Cette courageuse femme demeure inébranlable et se contente de répondre qu'elle va à ses affaires. Ne pouvant obtenir d'elle d'autre renseignement, les soldats la laissent et, continuant leurs recherches, ils arrivent près de la chapelle. A ce moment, un des fidèles les aperçoit et se précipite dans l'enceinte en poussant avec effroi le cri :— «Voici les bleus ! » La surprise que causa ce cri fut telle que M. Orain, dont la présence d'esprit ne se démentait ordinairement jamais, en demeura un instant interdit. Les fidèles les plus rapprochés de lui vinrent à son secours et l'aidèrent à déposer les vêtements sacrés, puis l'entourant, comme à Nappes, ils l'entraînèrent dans un bois voisin, où il put se mettre en sûreté. Pendant ce temps-là, d'autres hommes chantaient au chœur pour attirer l'attention des soldats. Ceux-ci se précipitent, renversent les premières personnes qu'ils rencontrent et vont droit aux chantres, parmi lesquels ils espéraient trouver le prêtre. Mais après s'être expliqués avec eux, ils reconnaissent qu'ils se sont trompés, sortent de nouveau, tirent quelques coups de fusil, heureusement sans effet, sur des personnes qu'ils voyaient fuir au loin ; et, en dépit de cause, ils amoncèlent des fascines dans la chapelle, y mettent le feu, et se retirent. Mais ils avaient à peine les talons tournés, que d'autres hommes, qui observaient de loin ce qui se passait, accoururent et travaillèrent avec tant le zèle, qu'ils parvinrent bientôt à arrêter les progrès de l'incendie, et à sauver leur pieux monument d'une destruction complète.

Nous avons visité cet intéressant oratoire, et sa vue nous a laissé une impression de tristesse profonde. Il est aujourd'hui encore dans l'état où le mirent les mains barbares qui l'incendièrent. Ses murs sont croulants, son autel brisé, sa charpente rongée par les flammes et sa toiture à moitié détruite. La

statue du saint patron , mutilée , est néanmoins restée debout, au-dessus de l'autel ,
et ses mains et ses yeux, élevés vers le ciel,
semblent supplier Dieu de permettre qu'un
jour son modeste sanctuaire soit relevé de
ses ruines. Le château du Broussay, de qui
dépendait cette chapelle, n'existe plus ; ses
propriétaires ont quitté le pays. D'un autre
côté, les habitants de Fégréac se sont épui-
sés pour la restauration du culte et la re-
construction de leur église paroissiale. Qu'il
nous soit cependant permis d'émettre un
vœu et une espérance , c'est que des personnes charitables se rencontrent qui res-
taurent ce lieu plein de si pieux et de si
touchants souvenirs.

La profanation des choses saintes est une
des circonstances les plus fâcheuses des
persécutions , et qui affligent le plus le
cœur des prêtres et des populations fidèles.
Bien que privilégié sous ce rapport comme
sous les autres, Fégréac eut néanmoins
à déplorer plusieurs fois des faits de ce
genre. En voici deux nouveaux exemples,
dont M. Orain nous a laissé lui-même le
récit :

« En 1794 , lorsqu'une compagnie de
bleus était cantonnée à Guenrouet, ils vinrent faire une fouille à Fégréac , où ils ap-

prirent que je me retirais et que j'exerçais le saint ministère. Un jour, vers les Rogations, j'étais allé à Henrieux et le lendemain à la Basse-Abbaye dire la messe et confesser, pendant la nuit, après quoi je revins à Barisset, emportant mes ornements que je fis cacher dans un souterrain, pratiqué par M. Rosier à la cure. Pendant que j'étais à dîner à Barisset, Jacques Moreau, de la Câté, accourut me dire qu'une troupe de bleus traversait le marais, dans des bateaux, et se dirigeait vers la Câté. Je me retirai promptement dans le bois de la Brousse, d'où j'étais à même de les observer. Je les vis qui allèrent droit à la cure, où ils firent une perquisition des plus minutieuses. Ils y trouvèrent mes ornements et tous les autres objets que j'y avais cachés. Je les aperçus ensuite passer par le village de Barisset, demandant où j'étais, et s'en retourner ensuite en emportant leurs paquets. Ils emmenèrent avec eux, jusqu'à la lande du Ténot, Jean Bocquel, gardien de la cure, qui se délivra de leurs mains moyennant un assignat de cent sous. Cette perte m'affligea beaucoup et elle me mit dans l'impossibilité de célébrer les saints mystères, jusqu'à ce que j'eusse pu me procurer d'autres ornements. C'était le calice

et les ornements de la cure qu'ils empor-
taient ainsi.

» Une des perquisitions les plus fâcheuses que firent les bleus à Fégréac, eut lieu
en 1799. Le dernier samedi de septembre,
j'étais allé à Villeberte dire la messe et
confesser; après que j'eus terminé, je me
disposais à retourner à Barisset, lorsqu'on
m'avertit qu'on avait vu une troupe de
bleus et de cent-sous à Sévérac, et qu'ils
prenaient le chemin de Fégréac. Je m'a-
vançai un peu sur une hauteur voisine de la
chapelle de Villeberte, d'où l'on voit la chaussée de Pontminy. J'y aperçus une troupe fort
nombreuse, qui venait en effet vers Fégréac.
J'aurais bien désiré me rendre à Barisset,
afin d'y mettre tous mes effets plus en sûreté,
quoiqu'ils fussent assez bien cachés, mais je
ne pouvais en avoir le temps. Dès que la
troupe eut passé Pontminy, elle se dirigea
vers Barisset et la cure, où ils firent une
fouille des plus rigoureuses, et ils s'empa-
rèrent de plusieurs objets servant au culte.
De là, ils allèrent à la chapelle que nous
avions fait réparer ; ils enfoncèrent les
portes, bouleversèrent tout, et trouvèrent
même une petite custode d'argent renfer-
mant quelques saintes espèces, que j'avais
consacrées pour des malades, et déposée

dans une cachette. Mais il n'était plus rien qu'on pût soustraire à ces hommes si rusés et si exercés à faire des fouilles. Cette troupe était composée non-seulement de bleus, mais de cent sous, de réfugiés et de tout ce qu'il y avait d'impies et de mauvais sujets dans Cambon et dans les autres paroisses voisines. Parmi eux était le curé jureur de Dréféac, M. Pichon. Cette fouille eut pour cause une fille patriote de Cambon, qui, voyant ses voisins et voisines, bons chrétiens, venir tous les dimanches à Fégréac, entreprit, à la sollicitation des patriotes, d'y venir, elle aussi, afin de les informer plus exactement de ce qui s'y passait. Elle fit l'hypocrite et voulut même se présenter à confesse avec les autres, dans la salle de la cure, où je confessai le samedi au soir. Quelques-uns de ses voisins, qui la connaissaient, m'en avertirent. Je la fis chasser et renvoyer; mais elle en avait assez vu pour faire son rapport. Elle n'y manqua pas ; ce fut peu de temps après qu'arriva ce malheur. »

Rien ne dût être plus pénible au cœur du saint prêtre, que ce douloureux événement. Tout contribuait à le lui rendre sensible ; la trahison, l'apostasie et la profanation. Nous avons visité plusieurs fois cette chapelle de la cure ; elle semble porter un cachet particulier de désolation et de tristesse. A. l'exception des murs et des portes qui ont été restaurées, tout, à l'intérieur, est demeuré, comme à Saint-Armel, dans l'état où l'ont mis les mains des profanateurs. L'autel est délabré, les statues mutilées, les images en lambeaux. La première fois que nous la visitâmes, une pieuse femme, en costume du pays, était à genoux dans la poussière : elle ne leva point les yeux, ne tourna point la tête, pour savoir quels visiteurs venaient s'agenouiller près d'elle. Immobile, elle continua sa fervente prière. On eut dit la statue de l'expiation plongée dans une méditation, profonde. Nous priâmes et nous pleurâmes avec elle.

Un autre motif nous rendait ce sanctuaire plus vénérable et plus cher. Nous avons entendu M. Orain dire qu'il l'avait réparé peu avant sa profanation. Or, à travers la dévastation, il est facile encore de discerner cette restauration étrange. Un badigeon de chaux vive sur les murs ; un confessionnal formé d'une sorte de niche creusée dans la muraille, à hauteur de siége, et ayant pour coussin une pierre dure, et pour accoudoir, une planchette en saillie. Une simple table, montée sur des tréteaux, servant d'autel ; trois grossières images clouées sur un léger chassis de bois , tenant lieu de rétable ; un gradin de planches, non peintes, adossées au mur, et dont le milieu scié, sur une longueur d'environ quinze centimètres, roule sur deux clous en guise de pivots, remplaçant le tabernacle : telle fut l'œuvre de l'apôtre de Fégréac, en ces temps malheureux. Et c'était là, que l'homme de Dieu passait ses nuits , à réconcilier les consciences et à consoler les cœurs ; c'était là que les fidèles, pendant que la tempête révolutionnaire grondait autour d'eux, venaient chercher la paix du ciel, et mêler leurs chants religieux à ceux des anges ; c'était sur cet autel que le Dieu sauveur daignait descendre, dans ce pauvre tabernacle qu'il voulait reposer, ou plutôt s'exposer pour ses amis ; car il y a lieu de croire que ce tabernacle fut la cachette où furent surprises les adorables Espèces sous lesquelles il résidait au milieu de ces populations persécutées. Que la religion est belle dans sa simplicité ! comme elle agrandit les choses ! Et vous qui fûtes nos pères et nos modèles en ces temps de terreur et de mort, quels exemples vous nous avez laissés ! Pieux habitants de Fégréac, ne craignez pas que je vous dise ici, comme à Saint-Armel, renouvelez ce sanctuaire. Conservez-le plutôt, toujours, et avec soin, dans l'état où vous l'a transmis la Providence ; mais aussi venez-y méditer souvent, et sur l'amour de Dieu, et sur la foi simple, vive et glorieuse de vos ancêtres.

Quelque regrettables que soient les profanations arrivées à Fégréac, il faut néanmoins convenir qu'elles furent comparativement peu nombreuses, surtout si l'on considère que l'exercice du culte n'y cessa pas un seul jour, et qu'il fut constamment entravé pendant toute la durée de la Révolution. Il faut reconnaître aussi que M. Orain prenait toutes les précautions imaginables contre ces éventualités malheureuses. Il avait fait faire un petit coffre portatif, dans lequel il enfermait les vases et les ornements sacrés qui lui étaient nécessaires, et il le portait lui-même, ou ne le confiait qu'à des mains intelligentes et sûres. Lorsque les temps étaient calmes, il les déposait dans des maisons amies ; quand la tempête sévissait, il les cachait mieux encore. Dans les alertes subites, les paroissiens étaient accoutumés à s'en emparer et à se les partager, afin que, si quelques-uns étaient saisis, les autres au moins échappassent à l'avidité des profanateurs. Nous ne connaissons, du reste, aucun exemple, qu'ils aient été surpris ou arrachés aux mains des fidèles, tant ces pieux chrétiens tenaient à honneur d'en prendre soin et de les sauver. Ils eussent tout sacrifié, plutôt que de se les laisser enlever. Le danger passé, ils s'empressaient de les rapporter promptement et avec respect à M. Orain ; et l'on n'a pas non plus d'exemple qu'aucun de ces objets se soit égaré ou endommagé entre leurs mains. La Providence elle-même semblait veiller tout particulièrement à la conservation de ce précieux dépôt, et voici à ce sujet quelques traits assez remarquables.

Un jour, une bande de bleus arrive à l'improviste, à la Basse-Abbaye, chez Philippe Poullain ; ils furètent partout, ils volent ce qui est à leur convenance, et, chose admirable, ils n'ouvrent pas l'armoire, le meuble le plus apparent, où se trouvaient renfermés les ornements sacrés. Une autre fois, ils faisaient une perquisition sévère dans une maison où ces mêmes objets étaient cachés, dans une barrique enfouie sous terre. La sonde, ou seulement le retentissement des pas eut suffi pour découvrir la cachette ; mais un des jeunes gens de la maison, réquis par les soldats pour les aider dans leur recherche, tout en affectant de l'empressement à leur ouvrir les coffres et les armoires, sut se tenir si adroitement placé entre eux et le mystérieux tonneau, qu'ils ne soupçonnèrent même pas son existence, et qu'ils se retirèrent sans avoir rien trouvé.

Une autre fois encore, des soldats vont à Balac, chez la veuve Motreul, mère de M. Motreul, curé de Fercé, faire une perquisition semblable. Ils fouillent tous les coins de la maison et tous les meubles ; et sur le point d'ouvrir un coffre qui restait encore à visiter, et où se trouvaient cachés les vases sacrés, on s'y oppose, en alléguant que c'est le coffre du domestique de la maison et qu'on ne peut l'ouvrir en son absence. Les soldats insistent, menacent ; les gens de la maison font si bien, que les premiers s'appaisent et se retirent sans visiter ce meuble.

Voici un dernier trait que nous empruntons au Mémoire du pieux prêtre : — « Une circonstance où la Providence nous protégea encore visiblement, fut un dimanche, pendant l'hiver. On m'avait prévenu que les bleus étaient informés que je me retirais à la Câté, et qu'ils devaient y venir faire une perquisition, le dimanche. C'est pourquoi je

dis la messe dès minuit, en y invitant seulement les villages les plus voisins; après
quoi je serrai tous mes ornements, que je
plaçai dans mon petit coffre portatif. Le
bonhomme Besnier, de la Câté, nous dit: —
« Il ne faut pas laisser les ornements dans le
village, car les bleus pourraient les y trouver, et mettre tout à feu et à sang. Confiez-
les moi ; je sais un endroit où ils seront bien
cachés, et où les bleus ne les trouveront
certainement pas. » Nous lui donnons notre
petit coffre; il court le cacher dans un lieu
connu de lui seul ; après quoi nous nous re-
tirons tous; chacun va se coucher, et moi,
je partis pour aller au loin. Dès le point du
jour, les bleus, après avoir visité le bourg
et d'autres villages, arrivèrent à la Câté :
presque personne n'était encore levé. Ils
cherchent soigneusement partout le village,
et particulièrement dans la maison où j'avais
dit la messe; mais sans rien trouver. Après
cela, ils se disposèrent à aller à Galain,
village voisin; mais trouvant trop d'eau dans
un pâtis nommé la Sohélais, ils remontèrent
plus haut, jusqu'au lieu où le bonhomme
Besnier avait caché mon coffre, dans un tas
de fagots. Après leur départ, les habitants
de la Câté s'étaient retirés chez eux; mais
le bonhomme Besnier n'était pas tranquille,

il les suivit des yeux, jusqu'à son tas de bois,
et quand il les vit prendre des fagots pour
combler les fossés et faciliter leur passage,
le pauvre homme fut plus mort que vif. Il
s'adresse alors au bon Dieu, et le prie de
tout son cœur de ne pas permettre que les
bleus trouvent nos ornements. Il fut exaucé.
Quand les bleus furent passés et qu'ils
eurent disparu, il n'eut rien de plus pressé
que d'aller voir s'ils avaient trouvé et emporté le coffre; ce qu'il craignait d'autant plus,
qu'il les avait entendus pousser de grands
cris. Lorsqu'il fut rendu à son tas de fagots,
il vit avec une heureuse surprise que le
coffre y était encore; mais qu'il n'était plus
caché que par deux ou trois fagots; et que
si les bleus avaient continué d'en prendre,
ils auraient infailliblement trouvé et emporté
nos ornem nts. »

La sollicitude de M. Orain pour le culte
parut encore dans les efforts, malheureusement infructueux, qu'il fit pour sauver les
cloches de son église. « Aux fêtes de Pâques
1793, dit-il, je fus informé que les bleus
qui dévastaient a'ors les églises, enlevaient
les cloches des paroisses aussi bien que
celles des communautés religieuses. Nous
en possédions trois : l'une que j'avais fait
fondre en 1789 et qui pesait environ 400

livres; une autre qui pesait un peu plus de 200 livres et datait d'environ 250 ans; la troisième, qui était la plus petite, pesait un peu moins et était beaucoup plus ancienne; elle portait des inscriptions en lettres gothiques illisibles. Ces trois cloches formaient un fort bel accord sur les notes *la, sol, mi.* Désirant vivement les sauver, je fis recommander à Elie Plormel et à Jacques Poullain, qui avaient fait le clocher en 1789, de les descendre et de les cacher. Ils vinrent, en effet, le lendemain soir, avec un palan et les cordes nécessaires, mais ayant été appelé en ce moment à visiter des malades, je ne pus présider à l'opération; elle ne réussit pas et, à mon grand regret, les cloches restèrent à leur place. Quelques jours après, des bleus vinrent de Redon, qui les descendirent et les conduisirent dans cette ville. »

Mais le trait le plus remarquable du zèle du saint prêtre pour la conservation du culte dans sa paroisse, fut sans contredit qu'alors que partout ailleurs les églises étaient dévastées et détruites, et qu'en Fégréac même les chapelles étaient incendiées, il eut la sainte hardiesse d'en construire une nouvelle. Tous ses paroissiens, hommes, femmes, enfants, y travaillèrent à l'envi et, bien qu'elle fût située sur un plateau élevé, ils furent assez heureux, par les précautions qu'ils prirent, pour la préserver de toute profanation et y maintenir l'exercice du culte jusqu'au retour de la paix. Voici comment il raconte lui-même cette entreprise vraiment extraordinaire :

« En 1797 et 1798, les affaires étant devenues plus mauvaises, j'eus la pensée de réunir les enfants du catéchisme au village de Villeberte. Ce fut alors qu'on me conseilla d'y bâtir une chapelle, que je plaçai sous le patronage des saints Anges-Gardiens. Je ne voulais d'abord faire préparer qu'une grange, mais tous les paroissiens me parurent de si bonne volonté que je ne pus me refuser à construire une chapelle. Durant l'hiver, je fis tirer les pierres dans une carrière située entre l'hôtel Ménand et la Carmelais. C'était à qui s'empresserait d'y aller travailler, non-seulement des villages voisins, mais encore de ceux qui étaient les plus éloignés. Voulez-vous donc, disaient-ils, que nous n'ayons pas le droit commé les autres de venir prier Dieu dans cette chapelle? Pour les contenter tous, et afin de mettre de l'ordre dans les travaux, j'assignai des jours particuliers à chaque village, en sorte qu'ils venaient tour à tour tirer les pierres, les charroyer ou travailler.

à la maçonnerie, si bien que dans l'été de
1798 notre chapelle fut bâtie. Quand il fut
question de la couvrir, je me trouvai fort
en peine, car une couverture en ardoises
eut occasionné une dépense trop considé
rable et trop embarrassante pour moi. On
me conseilla de la couvrir en paille, me
représentant que ce moyen serait peu dis-
pendieux. J'y consentis. On me promis de
la paille, et lorsque la charpente fut élevée,
on m'en apporta quelques paquets ; mais
les couvreurs que je fis venir alors, voyant
ma petite provision, voulurent s'en retourner, disant qu'ils n'avaient pas de quoi
s'occuper plus d'une journée. Je les retins,
cependant, en leur disant d'employer ce
qu'ils avaient, et que la Providence pour-
voirait pour le lendemain. Nous étions
précisément au jour du catéchisme : j'exposai à mes enfants le besoin que j'avais de
paille et de ligatures, pour le lendemain,
et je leur recommandai d'en avertir leurs
parents. La commission fut très-bien faite.
Dès le soir, on amena quelques charretées
de paille ; mais le lendemain et les jours
suivants ce fut bien autre chose. Il en vint
tant, que je fus obligé de faire dire de cesser
d'en envoyer davantage, qu'il y en avait
plus qu'il n'en fallait. Malgré cela, plusieurs

en amenèrent encore, disant qu'ils avaient promis leur charretée et que, si elle était inutile pour la chapelle, elle servirait à mon usage. Je fus donc obligé de mettre le surplus à part, et j'en fis un fort gros tas.

» Lorsque la chapelle fut terminée, avec sa sacristie, ses portes et ses fenêtres, nous en fîmes la bénédiction solennelle, le 2 octobre 1798, jour de la fête des saints Anges-Gardiens, et nous la plaçâmes sous leur invocation. Depuis lors, j'y dis la messe presque tous les jours ; j'y fis les catéchismes et les cérémonies religieuses, et je me fixai habituellement dans ce village. Cependant, lorsque la tranquillité revint, j'allai le dimanche et les fêtes faire les offices à l'église, mais sur la semaine je revenais à la chapelle des Saints-Anges. Comme elle était couverte en paille, elle avait peu d'apparence au dehors, quoiqu'elle fut assez propre au-dedans. C'est à cette circonstance sans doute, ainsi qu'à la protection de ses célestes patrons, qu'il faut attribuer ce fait remarquable, que les bleus n'y entrèrent jamais, quoiqu'ils l'aient cherchée, et qu'ils soient venus quelquefois jusque dans le village. »

Nous avons visité cette chapelle, comme toutes les autres, et nous l'avouons, avec un redoublement d'intérêt, à cause de la singularité de son origine. Les habitants de Fégréac ont eu le bon goût de n'y rien changer, si ce n'est la toiture de chaume qui, tombant de vétusté, a été remplacée par une toiture en ardoises. Le bâtiment est d'une simplicité extrême ; c'est un parallélogramme long et régulier, et augmenté d'une tribune formée d'un plancher soutenu par quatre poteaux. Les murs sont crépis à la chaux ; la modeste enceinte n'a pas d'autre lambris que la toiture même ; mais le pieux architecte s'est mis en frais pour le chœur et l'autel. Le premier est orné d'un parquet simple, mais très-propre, élevé de quelques centimètres au-dessus du sol ; le second renflé, sur les côtés et enrichi de quelques moulures, est de style évidemment local ; mais l'artiste s'est surpassé dans le tabernacle dont le travail exécuté avec soin, accuse autant de mérite que de bonne volonté. Deux pilastres surmontés d'un simple entablement, et encadrés dans deux crossettes, le tout sculpté dans le mur, auquel est adossé l'autel, forment une sorte de rétable et achèvent l'ornementation du chœur. A gauche, s'ouvre la petite sacristie, où l'on remarque encore un vieux bahut servant de vestiaire,

quelques clous en bois fichés dans le mur,
en guise de porte-manteaux, et diverses
petites cachettes, mises aujourd'hui à découvert. En contemplant cet humble mais
intéressant monument, on conçoit que les
Saints-Anges l'aient aimé et protégé d'une
manière particulière; il devait leur rappeler le lieu où ils adorèrent pour la première
fois le Sauveur du monde, au milieu des
bergers; l'on y prie, en effet, avec autant
de dévotion, et presqu'avec d'aussi touchants souvenirs, qu'à la grotte même de
Bethléem.

Au soin du culte, M. Orain joignait celui
de l'administration des sacrements, et il
s'y livrait avec la même activité. Il le faisait
de préférence dans les lieux consacrés;
mais le plus souvent, il était forcé de le
faire à domicile, et avec le moins d'appareil possible. A cet effet, il s'était procuré
un petit sac contenant un rochet, une étole,
un rituel et les saintes huiles. Il portait
également sur lui une petite custode desti-
née à recevoir la sainte Eucharistie, lorsqu'il devait communier les malades. Nous
avons sous les yeux le rituel qui l'accompagna si longtemps dans les courses évangéliques; précieuse relique que ses pos-
sesseurs estiment aujourd'hui plus que l'or.

Il n'est pourtant pas riche. C'est un petit in-18, datant de 1792. La reliure simple et endommagée est recousue à l'aide de gros fil : ses pages jaunies attestent ses longs et pénibles services. Outre les prières liturgiques que l'on imprimait alors dans ces livres, celui-ci renferme une quarantaine de feuillets écrits de la main même du digne prêtre, et contenant une foule de prières, d'hymnes, etc., indispensables dans l'exercice d'un ministère aussi tourmenté. On y trouve aussi quelques cantiques, de ceux sans doute qu'il composait dans les loisirs que lui laissait la persécution, et qu'il faisait chanter ensuite aux fidèles. Nous y remarquons en outre une longue série de noms de saints et de saintes les plus connus et les plus vénérés dans le pays. M. Orain avait en horreur l'usage introduit par la République, de donner aux nouveaux-nés les noms des héros païens ; et c'était afin de préserver ses paroissiens de cette regrettable et ridicule innovation, qu'il leur tenait prête cette longue liste des héros de la religion, parmi lesquels les parents pouvaient choisir les protecteurs de leurs enfants.

Indépendamment des églises, le digne ministre de Dieu avait désigné, dans les

divers quartiers de sa paroisse , et même
dans les paroisses limitrophes, des maisons
sûres, où il venait de temps en temps administrer le saint baptême. On était prévenu à l'avance de son arrivée , et les parents apportaient leurs enfants sans bruit
et sans appareil. Il est même arrivé , dans
les temps difficiles , qu'on se bornait à
charger une femme de porter l'enfant. Elle
relevait son tablier devant elle, suivant une
coutume reçue dans le pays, et elle y déposait le nouveau-né , comme si c'eut été
un fardeau ordinaire. A moins de circonstances exceptionnelles , M. Orain exigeait
toujours la présence d'un parrain et d'une
marraine ; il avait soin, en outre, d'inscrire
régulièrement , sur un registre qui existe
encore , l'acte de ces baptêmes ; il s'est
trouvé peu de personnes oubliées : la plupart ont pu constater authentiquement, plus
tard, leur glorieux titre de chrétien. On remarqua encore que M. Orain avait une telle
défiance des baptêmes donnés par les *intrus*, qu'il les réitérait toujours, sous condition, et alors même que les enfants étaient
déjà devenus grands.

Le fidèle ministre usait de précautions et
de moyens analogues pour le sacrement de
mariage. Muni qu'il était de pouvoirs très-

étendus, il l'administrait non-seulement aux sujets de sa paroisse, mais encore à ceux des paroisses voisines. Il dispensait des empêchements jusqu'au deuxième degré, ainsi que des publications de bans ; néanmoins, il tenait à ce que ces importantes formalités fussent remplies toutes les fois que cela était possible : la perturbation qui régnait dans l'ordre moral aussi bien que dans l'ordre politique, lui en faisait un devoir. C'était ordinairement la nuit qu'il célébrait ces mariages, à cause de l'affluence nécessairement assez grande des assistants. Il donnait d'abord rendez-vous dans certaines maisons, où l'on traitait des préliminaires, et où il confessait les futurs époux. Au jour indiqué, ceux-ci revenaient accompagnés de leurs plus proches parents et de leurs témoins. Afin d'éviter de répéter trop souvent l'éclat que jetaient nécessairement ces actes en devenant publics, il bénissait, autant que possible, plusieurs mariages à la fois. On rapporte qu'à certaines époques, il en bénit ainsi jusqu'à dix, et même vingt, dans une seule nuit. Jamais le saint prêtre ne manquait d'adresser aux époux une allocution appropriée à leur situation ; il célébrait à leur intention les saints mystères, si cela était possible, et les renvoyait heureux des joies qui se rattachent à l'union chrétienne, et que l'on appréciait d'autant plus alors qu'il était plus difficile de se les procurer. Les joies de famille venaient souvent se joindre à celles de la religion ; car les habitants de Fégréac étaient si accoutumés aux alertes, et en faisaient si peu de cas, qu'ils ne craignaient pas, quelques jours après la réception du sacrement, de se réunir dans un banquet, à la suite duquel on dansait quelquefois, et, disent, les vieillards, plus joyeusement et avec moins de danger pour les mœurs qu'aujourd'hui. Est-il surprenant, après cela, que les mariages faits par M. Orain lui aient attiré des persécutions fréquentes ? En voici une dont il fait lui-même le récit, et dont on lira le détail avec plaisir :

« J'éprouvai encore une marque de la Providence de Dieu, et de la protection de la sainte Vierge, au sujet du mariage de Mlle Duval, de Redon, dont le père était contrôleur des actes, et qui m'écrivit pour me prier de marier sa demoiselle avec M. Rochedreux de la Hignonnais, du bourg de Guémené; ce que je pouvais faire, ayant obtenu les pouvoirs nécessaires. C'était en 1798 : je donnai rendez-vous à Ros, dans une métairie qui appartenait, je crois, à

M. Duval. Je m'y rendis le soir, et je célébrai le mariage sans aucun accident fâcheux, quoique je me tinsse en défiance :
aussi, je n'y restai pas longtemps. On me
dit depuis que les républicains s'étaient
proposés de venir me surprendre ; néanmoins, je ne vis rien.

» Mais le bruit de ce mariage se répandit et parvint aux oreilles du citoyen
Philippe de Beauregard, intrus de Saint-
Vincent-des-Landes, marié par lui-même
avec sa pupille, ensuite apostat, après cela
représentant du peuple à Guémené, et qui,
enfin, eut une mort digne de la conduite
abominable et hypocrite qu'il avait tenue.
Après avoir mis le comble à ses crimes et
à ses scandales, il tomba malade et expira
dans un désespoir que rien ne put calmer.

» Ledit citoyen ayant eu connaissance de
ce mariage, vint, en bon et zélé patriote, en
faire la dénonciation à Redon, et exiger
que la troupe se mit en devoir de me prendre et de faire cesser toutes ces infractions
aux lois républicaines. Comme on savait
que je faisais quelquefois les offices à l'église,
les jours fériés, l'expédition fut résolue
pour le dimanche suivant. J'en fus averti.
C'est pourquoi, au lieu d'aller confesser
avant la messe, selon ma coutume, à la

chapelle de la Magdeleine, j'allai me cacher
dans le bois de la Brousse; et lorsque la
matinée fut un peu avancée, j'envoyai quelques personnes au bourg, savoir ce qui s'y
était passé. J'appris qu'un détachement de
bleus était venu de très-grand matin se
cantonner et se cacher dans le petit bois
du cimetière, et que de là ils examinaient
ce qui se passait dans le bourg. Après avoir
vu diverses personnes venir de la digue et
d'ailleurs, ils jugèrent que j'étais à l'église,
et quittant leur embuscade, ils se précipitent, l'entourent, s'en font apporter les
clefs, fouillent partout et, à leur grand
étonnement, ne trouvent personne. Quelqu'un d'entre eux apercevant alors des
fidèles qui se rendaient vers la chapelle de
la Magdeleine, y coururent promptement.
Là était une troupe de femmes et deux jeunes garçons de Brivé, en Guenrouet, qui
sachant que je confessais là avant la messe,
y étaient venus pour me trouver : ils ignoraient ce qui se passait. Les bleus, en armes,
entrent avec précipitation, épouvantent
toutes ces personnes qui se lèvent et se disposent à fuir. — « Ah! ah! c'est ici qu'il
est, dirent les bleus. Le voici pourtant,
ce calotin. En voici deux au lieu d'un. »
Ils laissent sortir les femmes et saisissent

les deux garçons, prétendant que c'étaient
des prêtres, quoique ceux-ci affirmassent
qu'ils ne l'étaient pas. Ils les emmenèrent
en triomphe, et dirent en passant par le
bourg : — « Vous prétendiez que vous n'a-
viez point de prêtres ; en voici pourtant
deux que nous avons bien su trouver. » Mais
les bonnes gens qui savaient qu'en penser,
ne s'effrayèrent point.

« Lorsque les bleus, en s'en retournant,
approchèrent du bourg de Saint-Nicolas, ils
se mirent à crier bien haut, dès la croix
d'Audun : — « Le voici pourtant, le calotin
qu'on n'avait jamais pu prendre ! Ah ! ah !
pour cette fois, nous le tenons. » Les bonnes
gens de Saint-Nicolas, qui m'affectionnaient
beaucoup, crurent d'abord que c'était bien
moi qu'on emmenait en compagnie de M.
Rosier. Alors, grandement affligés, ils sortaient tous avec empressement sur les rues
et les chemins, ce qui engageait les bleus à
crier plus haut. Mais quand ils furent entrés
dans le bourg, les habitants, après avoir
examiné de plus près, se disaient : — « Bon,
ce n'est pas lui. » Et s'adressant aux bleus,
ils s'écriaient en se raillant d'eux : — « Courage, citoyens, voilà une bonne prise que
vous avez faite aujourd'hui. » Les bleus
reconnurent bientôt qu'on se moquait d'eux,

et cessèrent leur jubilation. Ils emmenèrent cependant jusqu'à Redon, les deux jeunes gens, qui furent mis en prison ; mais leurs parents étant venus les réclamer au bout de quelques jours, ils furent relâchés.

» Après le départ des bleus, je me rendis au bourg rendre grâces à Dieu, et faire l'office comme à l'ordinaire, ayant toujours soin de placer des sentinelles. Tous les paroissiens se réunirent aussi pour bénir le Seigneur, et le remercier de ce qu'il avait encore bien voulu signaler sa miséricorde envers nous : et nous nous animions à l'aimer et à le servir avec une nouvelle ferveur, en voyant qu'il témoignait, par là, avoir pour agréable la conduite que nous tenions, et le désir que nous avions, qu'il y eut au moins quelques petits endroits dans la France, où l'on put se réunir pour célébrer ses louanges et le dédommager des insultes qu'il recevait tous les jours de la part des impies. »

Pourrions-nous ne pas remarquer, en passant, combien l'expression des sentiments qui précèdent revient souvent dans les récits de M. Orain ? Ce n'était, en effet, ni l'ostentation, ni aucun motif humain qui lui inspiraient son admirable dévouement. Ce n'était même pas, en premier lieu, le salut des âmes, quoiqu'il eût volontiers donné sa vie pour elles ; mais c'était le sentiment le plus pur et le plus élevé de la religion, l'amour de Dieu même. L'âme de ce prêtre en était manifestement remplie ; elle en surabondait ; c'était en lui qu'elle puisait ses pensées et ses projets, et, de lui, qu'elle recevait cette paix, cette sérénité, ce courage persévérant, cet héroïsme de chaque jour et de chaque heure que rien ne lasse, et qui se trouve supérieur à tous les événements. C'est pourquoi on peut dire, en toute vérité, que M. Orain était un homme de Dieu, et que Dieu était avec lui.

Les catéchismes et les premières communions furent une des fonctions de son saint ministère, qui lui donna le plus de préoccupation, et à laquelle il se livra avec un plus grand zèle. Il comprenait combien il était important de ne pas laisser périr la semence évangélique, et de la déposer avec soin dans de jeunes cœurs qui devaient être plus tard la ressource de la foi et de la consolation de l'Eglise. Aussi ne cessa-t-il pas un seul jour de s'occuper de ce grand intérêt, avec une sollicitude toute spéciale. Non content de faire un devoir aux parents de catéchiser leurs enfants, il avait su

former, dans les principaux villages, des
catéchistes qui les instruisaient par petits
groupes, et il donnait lui-même l'exemple
de cette instruction à domicile. Mais il
faisait plus, toutes les fois qu'il le pouvait,
il réunissait ces enfants soit à l'église, soit
dans des granges ; celle de la Brousse,
entre autres, est célèbre dans le pays, par
les nombreuses réunions de ce genre qui
s'y firent. Les enfants s'y rendaient par
escouades, et quand ils avaient à craindre
de mauvaises rencontres ou des surprises,
quelques-uns d'entre eux marchaient, en
éclaireurs, et donnaient le signal d'avancer,
de s'arrêter, ou même de se disperser.
Arrivés au lieu du rendez-vous, des sentinelles étaient posées ; M. Orain paraissait,
et l'on ne saurait dire avec quelle joie il
était reçu et écouté de cette jeunesse et
combien il en était aimé. Si, pendant
l'instruction l'alarme était donnée, on se
dispersait dans les bois ou dans les maisons
voisines ; le danger passé, on se rassem-
blait de nouveau, et le catéchisme se poursuivait jusqu'à la fin. On raconte qu'un
jour, cette instruction ayant lieu à l'église
même, des bleus survinrent, venant de la
Roche-Bernard et se rendant à Redon. La
route passait à la porte même de l'église.

M. Orain, averti à temps, put sortir. Mais prévoyant que les enfants ne pourraient se disperser avant d'être aperçus, il se contenta de les engager à rester à leurs places, et à garder le plus profond silence. Ceux ci obéirent po ctuellement, et les bleus ne remarquant aucun mouvement autour de l'église, ne conçurent même pas la pensée d'y entrer. Ils continuèrent leur route, et le prêtre revint r chever le catéchisme.

Les cérémonies de première communion étaient beaucoup plus périlleuses encore, principalement à cause du grand nombre d'enfants qui y pre aient part. On y venait des paroisses les plus éloignées, de la ville de Redon même. A l'époque de la retraite préparatoire que M. Orain ne voulait point omettre, et qu'il faisait durer une huitaine de jours, on voyait arriver ces petits étrangers, conduits par leurs parents. Ceux qui venaient de loin étaient logés chez les habitants, qui leur donnaient généreusement l'hospitalité et en prenaient soin comme de leurs propres enfants. Les plus riches en hébergeaient jusqu'à huit ou dix; les moins aisés en voulaient avoir au moins un ou deux. Une année, une vingtaine d'enfants, vinrent jusque de Héric, conduits par le vica e de cette pa oisse qu avait été obligé de fuir pour éviter la persécution.

Une autre année, ce furent six jeunes Vendéens, échappés au massacres de leurs parents, à la déroute de Savenay. Lors d'une communion faite au village de la Brousse, on remarqua cinq enfants appartenant aux gendarmes de Redon, et dans une autre circonstance, ce furent les filles même des commissaires de la République, Lebatteux et Coquet, qui vinrent prendre part à cette sainte cérémonie. Le premier en avait deux, le second une ; elles étaient conduites par leurs mères qui, sous prétexte de les promener, les amenaient à Fégréac, aux exercices de la retraite. Les commissaires ne purent l'ignorer, mais le sentiment paternel parlant plus haut que tout autre, et réveillant peut-être en eux des souvenirs religieux qui n'y étaient pas entièrement étouffés, ils fermèrent les yeux. On rapporte même que, la veille de la première communion, ils remirent à leurs femmes, chacun deux pièces de six francs, en leur disant : — « Donnez cette offrande, comme de vous-même, au petit bonhomme Orain (c'est ainsi qu'ils le désignaient familièrement) car il n'est pas riche. »

Dans les temps les plus orageux, le zélé

prêtre se bornait à faire faire les premières
communions par groupe de dix à vingt
enfants ; mais quand il voyait un peu de
sécurité, il aimait à déployer toute la pompe
possible, afin de graver d'une manière plus
durable, au cœur de la jeunesse, ces souvenirs qui lui sont toujours si chers. Il
organisait des processions, faisait chanter
des cantiques ou des litanies ; il alla même
jusqu'à mettre, aux mains des enfants, de
petits étendards qu'ils conservaient ensuite
comme souvenir de cette action si importante de leur vie. Autant que possible,
l'ordre des exercices était celui-ci : Le
matin, la messe de communion était célé-
brée ou à l'église, ou dans une chapelle,
ou dans une grange. Le soir, on dressait
un petit autel, au pied d'un arbre, dans une
clairière entourée de grands bois. On s'y
rendait en procession, et l'on y faisait la
rénovation des vœux du baptême. Cette cérémonie, toujours si touchante, empruntait
alors aux lieux et aux temps où elle s'ac-
complissait un caractère qui la rendait plus
imposante encore ; car, c'était au moment
où, sur toute la surface de la France, les
autels étaient renversés, les temples réduits
au silence, et les fidèles conduits à l'échafaud, que, sur ce point isolé de la Bretagne,

dans un temple formé par la nature même, de nombreuses troupes d'enfants, en habits de fête, entourés de leurs pères et de leurs mères, ratifiaient leurs promesses baptismales, et promettaient à Dieu de mourir à leur tour, plutôt que de jamais lui être infidèles. Et ces serments pouvaient n'être point formulés en vain ; car la tempête grondait aux portes mêmes de la paroisse, et, plus d'une fois, elle pénétra menaçante jusqu'au milieu de ces assemblées de petits anges, qui apprenaient dès lors à lui résister à l'exemple de leurs pères.

Pendant une des retraites qui furent faites à la Brousse, une troupe de bleus traversa le bourg, se dirigeant vers ce village. L'un d'eux, rencontrant un bûcheron, lui prend sa serpe. Celui-ci, homme intelligent, profite de cette circonstance, et se met à courir après les bleus, en criant à tue-tête : — « Rends-moi ma serpe, citoyen; rends-moi ma serpe ! » Ce n'était pas qu'il eut l'espoir d'être écouté, mais il voulait attirer l'attention, et, en effet, il cria si bien que les sentinelles, mises en émoi, l'entendirent et donnèrent l'éveil. En un clin-d'œil, toute l'assemblée se dispersa dans les bois; M. Orain put se retirer dans un épais fourré, où il continua de confesser quelques enfants, pendant que les soldats fouillaient inutilement le village.

Une autre année, M. Orain, aidé de M. Robin, vicaire de Guémené, faisait la retraite à l'église, et croyant la sécurité assez grande, il eut la pensée de conduire les enfants en procession à la Brousse. Comme ils entraient sur la lande qui précède ce village, ils aperçurent des soldats qui venaient à leur rencontre. Sans s'effrayer, M. Orain engage les enfants à continuer leur route et à n'avoir point de crainte; puis, suivi de M. Robin, il franchit une haie, fait un circuit, et arrive à la Brousse avant les enfants. Ceux-ci, firent exactement comme on leur avait dit, et continuèrent de marcher. Le chef, arrivé près d'eux, leur demanda d'où ils venaient. — « De l'église, répondit l'un d'eux, faire notre prière. — Où est votre calotin? — Nous n'en savons rien. — Allez, reprit le chef, ce n'est pas à vous que nous en voulons. » La procession arriva sans plus d'accident à son terme, et le samedi suivant la cérémonie de la communion se fit solennellement à l'église.

Mais laissons encore une fois la parole à M. Orain, et écoutons ses intéressants récits.

« Si, pendant la durée de la révolution, j'ai éprouvé des inquiétudes et des persécutions, j'ai aussi eu l'avantage d'avoir des consolations de temps en temps. Après que M. Renaud, recteur de Fégréac, fut parti pour l'Espagne, vers la fin de septembre 1792, je repris pour nos enfants les catéchismes que nous avions été obligés d'interrompre vers la Saint-Jean précédente, quand les bleus commencèrent à me poursuivre. Je ne pouvais plus faire venir les enfants à l'église, faute de sécurité, mais je les réunissais dans des granges, à la cure et, après la Toussaint, je les préparai à la première communion. Comme les prêtres de Plessé avaient été chassés et remplacés par l'intrus Maillard, de Bouvron, il me vint beaucoup d'enfants de cette paroisse, que M. Courtois, l'un des vicaires, me pria de recevoir. Je fis assez tranquillement la retraite préparatoire, et je fixai un jour pour la communion, que nous fîmes dans la grange de la cure. Mais ce jour-là étaient partis de Redon, dès le matin, des gendarmes qui devaient visiter les passages de Pontminy, en Fégréac, et de Saint-Clair, en Guenrouët, sur l'Isaac. Ils vinrent d'abord à Pontminy pendant que je chantais la grand'messe. Quelques-unes de mes sentinelles les aperçurent traversant la lande et, sans plus se rendre compte de leur marche et de la direction qu'ils prenaient, elles accoururent promptement à la cure, et firent retentir assez mal à propos le cri : — «Voilà les bleus !» au moment même où je donnais la communion. J'avais déjà communié deux rangs d'enfants. Je demandai où étaient ces bleus et par où ils venaient? On ne me répondit point; mais la foule effrayée se leva et se répandit hors de la grange, en me criant de me sauver.

» Je me déshabille promptement, je serre les saintes Espèces et je les emporte avec moi dans un bateau que j'avais fait préparer au bas du jardin de la cure, pour m'y retirer en cas de surprise. Puis ne voyant point venir les bleus, je donnai ordre d'aller à la découverte et de savoir positivement ce qu'ils devenaient. Pendant ce temps, les enfants et les assistants se dispersèrent les uns dans les prairies, le jardin et le verger de la cure, les autres jusque dans les bois et les villages voisins. Enfin quelqu'un arriva qui tranquillisa tout le monde: On me fit signe de revenir et qu'il n'y avait rien à craindre. Je fis rapprocher le bateau du jardin et je revins à la grange, où j'appris que les gendarmes étaient conduits par

le fils aîné de Mme Dumoustier, du château
du Dreneuc, et qu'il les avait fait passer par
derrière le bois de la Brousse, afin qu'ils
ne pussent rien voir du côté de la cure en
se rendant à Saint-Clair.

» Quand je sus quel était le conducteur
de cette troupe, je vis bien que je n'avais
rien à redouter; c'est pourquoi je fis revenir
les enfants et toute l'assistance, et j'achevai
tranquillement de donner la communion.
L'après-midi , nous nous rassemblâmes
encore, et nous terminâmes la cérémonie le
plus solennellement qu'il nous fut possible.

» En 1793 et 1794, les dangers furent
trop grands pour qu'il nous fut permis de
songer à renouveler cette cérémonie. Je
recommandai aux parents d'instruire eux-
mêmes ou de faire instruire leurs enfants ;
leur promettant que, dès que je verrais un
peu de calme, je ferais communier ceux qui
seraient disposés. En effet, en 1795, je
rassemblai les enfants de la paroisse afin
de les préparer. Comme il n'y avait point
eu de première communion à Saint-Nicolas
depuis 1794, un très-grand nombre d'enfants de cette paroisse demandèrent à se
joindre à nous: M. Maugendre, desservant
de cette trève, m'en pria. J'accédai à ses
désirs , et, vers la Saint-Jean, je fis une

communion très-nombreuse et, grâce à
Dieu, très-édifiante.

» L'année suivante, j'en eus encore bien
davantage ; il fallut m'y remettre à plusieurs
reprises ; car, outre les enfants de Fégréac
et de Saint-Nicolas, j'en eus de Guenrouët,
de Plessé, de Cambon, de Redon et de
plusieurs autres paroisses. En 1796, j'avais
recommencé à faire les instructions de la
retraite à l'église, mais n'y trouvant pas
assez de sécurité, je menai les enfants à la
métairie de la Brousse, où nous étions bien
plus à notre aise pour nos exercices et nos
processions, que nous faisions dans les
avenues, au milieu des bois. L'une de ces
années, nous nous réunîmes plusieurs
prêtres pour cette cérémonie. Ce furent :
M. Ganuchaud, recteur de Conquereuil ;
M. Robin, vicaire de Guémené ; M. Courtois,
vicaire de Plessé ; M. Marchand, vicaire de
Héric ; M. Thomas, recteur de Sévérac, et
plusieurs autres qui avaient amené des
enfants, chacun de sa paroisse. Nous fîmes
une première communion très-solennelle,
et où il se trouva plus de trois cents enfants
communiants. Il s'y joignit tant de monde,
que nous fûmes obligés de dresser des ten-
tes sous la chenaie de la Brousse, pour y
dire la sainte messe et y faire les autres

cérémonies. Les bonnes gens des paroisses voisines, qui n'avaient point vu depuis long-temps de si belles fêtes, ne pouvaient retenir les larmes de joie qu'ils versaient en abon-dance. Ils comparaient ces cérémonies à cel-les des grandes missions qu'ils avaient vues autrefois dans quelques paroisses du voisi-nage, et ils en étaient grandement édifiés. »

Nous avons déjà parlé de l'assiduité de M. Orain au confessionnal en temps de paix ; elle ne fut pas moins remarquable pendant la persécution. Il confessait géné-ralement toutes les fois que l'occasion s'en présentait, en quelque lieu et à quelque heure que ce fut. Mais il le faisait plus spécialement avant et après la sainte messe, et à certains jours qu'il désignait, soit au bourg, soit dans les villages. Les fidèles, connaissant son habitude, accouraient dès qu'ils le savaient dans le voisinage, et ils étaient sûrs d'être toujours bien reçus. Les étrangers, aussi bien que ses paroissiens, étaient admis à son tribunal, et l'on en vit souvent venir de Redon, et de plus loin en-core, déposer dans son sein le secret de leur conscience et satisfaire au besoin de leur cœur.

M. Orain confessait tous ses parents, même son vieux père ; et c'était une chose vraiment édifiante de voir celui-ci, se prosterner avec foi aux pieds de son fils, et recevoir les grâces qui donnent la vie de l'âme, des mains de celui même à qui il avait donné la vie du corps. Ce bon vieillard était alors fort âgé et, plus d'une fois, son fils fut obligé de le faire asseoir pendant sa confession. Malgré cela, il ne négligeait aucune occasion favorable de soumettre l'état de sa conscience à son fils, et d'assister à ses messes, auxquelles il communiait avec les autres fidèles. Du reste, il vivait retiré seul dans sa demeure, ou entouré de quelques-uns de ses autres enfants, car depuis bien des années déjà il avait perdu la pieuse compagne de sa vie, et il passait son temps à prier ou à lire. On a conservé longtemps dans sa famille, comme une précieuse relique, le livre d'heures dont il se servit jusqu'à son dernier soupir. Il eut le bonheur de vivre assez pour voir la paix rendue à son pays et à l'Eglise ; et il mourut entre les bras de son fils, en 1802, à l'âge de 77 ans.

Les veilles de dimanches et de fêtes, le zélé confesseur se rendait ordinairement, vers la brune, au lieu qu'il avait désigné et où on l'attendait : si c'était une maison particulière, il heurtait à la porte d'une manière convenue. On lui ouvrait ; il prenait une chaise et se mettait immédiatement à la disposition des pénitents; qu'il entendait jusqu'au dernier. Que de nuits sans sommeil il passa ainsi dans l'exercice de ce saint ministère! Que de fatigues ajoutées à d'autres fatigues! et que de périls nouveaux, nés pour lui de ce dévouement si absolu au plus important besoin des âmes! En voici un exemple entre autres.

Un jour, fête de saint Jean, je ne sais quelle année, il confessait à l'église, près des fonts baptismaux. Une femme du bourg accourt lui dire que les bleus arrivent, et qu'il ait à s'enfuir au plus vite. Ne croyant pas le danger si imminent, il continue de confesser encore. La femme revient une seconde fois, et le presse; et comme il n'obéissait pas assez promptement à son gré, elle ne put contenir un sentiment de violente impatience, et apostropha le saint prêtre en termes peu mesurés. — « Mâtin » (sic), tu ne diras pas, de ce coup, que cela » n'est pas vrai: les voilà à la porte de » l'église. » En effet, l'église était déjà cernée, et les trois portes gardées par des sentinelles. M. Orain quitte enfin le confessionnal, se présente à la porte principale, qui à l'instant même venait d'être abandonnée par celui qui la gardait, et qui voyant ses chefs courir vers la porte d'une des chapelles, où ils supposaient qu'était le prêtre, s'était hâté de les rejoindre. M. Orain profite de cet unique moment de libre passage, descend dans le chemin voisin, et se met à courir à toutes jambes. Les soldats qui l'aperçoivent le poursuivent, et l'un d'eux le presse de si près, qu'il finit par lui mettre la main sur l'épaule. Mais au même instant, ce soldat trébuche, tombe, et son prisonnier échappe comme par miracle.

Les témoins qui racontent ce fait, ajoutent que, plus tard, l'un des soldats qui fit partie de cette expédition, et qui s'allia dans la suite à une famille très-chrétienne et très-honorable de Saint-Nicolas-de-Redon, rapporta que, dans cette circonstance, ils n'avaient marché contre M. Orain qu'à contre-cœur, et pour obéir à l'ordre de chefs acharnés à sa perte ; qu'ils avaient fait tout ce qui était possible pour éviter sa rencontre et tiré des coups de fusil, le long de la route, sous prétexte de tuer des oiseaux, mais, en réalité, pour donner l'alarme au bourg ; qu'arrivés dans le cimetière, ils furent, en effet, postés à toutes les portes et de manière que M. Orain ne pût leur échapper ; mais que la sentinelle placée à la grande porte l'ayant aperçu s'y présenter, s'était retirée, à dessein, vers celle de la chapelle du Rosaire ; et, qu'enfin, celui qui fit la chute, la fit également dans le but de laisser le fugitif prendre de l'avance et de fournir prétexte aux autres soldats de s'arrêter à le relever lui-même, ce qu'ils firent en effet.

Cette explication n'a rien que de vraisemblable, bien qu'elle ne paraisse pas revêtue d'une certitude absolue. Dans tout les cas, on ne peut nier que la Providence n'ait, cette fois encore, protégé son serviteur d'une manière toute particulière.

La visite des malades et l'administration des secours religieux aux mourants furent une nouvelle source de dévouement et de dangers pour le courageux prêtre. « S'il » fut admirable dans ses autres fonctions » sacerdotales, dit l'enquête, il fut surhu- » main dans celles-ci. La pensée que, de sa » présence au chevet des mourants, pouvait » dépendre le salut éternel de leurs âmes, » multipliait son énergie et lui faisait bra- » ver tous les périls. » Voici à ce sujet quelques traits, qui sont appuyés sur les témoignages les plus authentiques.

Une nuit, quatre hommes arrivent d'un bourg voisin et le supplient de venir administrer un mourant, dans un village qu'ils lui désignent. Mais, en même temps, ils le préviennent que le village et la maison même du malade sont occupés par des soldats ; malgré cela, M. Orain n'hésite pas un instant. S'étant concerté avec ces hommes, il se fait précéder de deux d'entre eux, et, accompagné des deux autres, il entre dans la maison du malade, qui le reçoit comme un parent impatiemment attendu, et avec lequel il est heureux de s'entretenir et de traiter quelques affaires avant de mourir. Cette première scène, qui eut lieu en présence des soldats, se passa de part et d'autre avec tant de sang-froid et de naturel, que, bientôt, on laissa les deux prétendus cousins s'entretenir librement et faire leurs affaires, c'est-à-dire, l'un donner, et l'autre recevoir toutes les consolations religieuses possibles en pareille situation. Après quoi, M. Orain se retira, comblé des remerciements de son obligé.

Mais aucunes courses ne furent plus dangereuses pour lui que celles qu'il osa faire à Redon même, où il n'hésita pas à se rendre, toutes les fois qu'il y fut appelé pour administrer des malades.

Un jour, une dame qu'il avait confessée en état de santé, le fit prévenir par son fils qu'elle était fort mal, qu'elle désirait vive-

ment le voir, et qu'elle le ferait prendre par
un bateau, sur la Vilaine. Au lieu et à l'heure
convenus, M. Orain aperçut, en effet, le bateau monté par le fils de cette dame ; mais
il n'était pas seul ; il avait été obligé de subir
la compagnie d'hommes plus que suspects.
A certains signes peu rassurants que s'efforçait de faire le jeune homme, M. Orain
entra en défiance, prétexta quelques motifs
pour ne point entrer dans le bateau, et
rebroussa chemin. Peu de temps après, il
pénétrait dans la ville, par la voie de terre,
et visitait la malade, qui l'attendait avec
anxiété.

Ce fut à ses ennemis mêmes, à des patriotes acharnés et qui, au moment de la
mort, le faisaient appeler pour les réconcilier
avec Dieu, qu'il se hâta de porter les secours de son saint ministère. Dans une de
ces rencontres, il s'en fallut bien peu qu'il
ne fut surpris, et il ne dut son salut qu'à
une espèce de miracle. Il longeait la grande
rue de Redon, portant avec lui son petit sac
et les objets nécessaires pour administrer les
malades, et tous très-compromettants pour
lui, lorsqu'entendant derrière lui une marche
cadencée, il se détourna et aperçut sur ses
talons une patrouille. Sa première pensée
fut qu'il était découvert, et l'impression su-

bite qu'il en éprouva fut telle que, perdant sa présence d'esprit ordinaire, il se jeta brusquement dans une porte entr'ouverte et s'y blotit. Le chien de la maison accourt, le flaire et, chose admirable, n'aboie pas, ce qui infailliblement eut attiré l'attention sur lui et l'eut découvert. La patrouille passe à le toucher, et ne le remarque pas. Au bout de quelques instants, il se trouva remis de son saisissement, continua sa route et alla administrer son malade.

D'autres rapportent qu'il confessait la femme même du commissaire Lebatteux. C'était une personne pieuse et qui gémissait profondément des excès révolutionnaires auxquels son mari prenait part. Etant elle-même atteinte d'une grave maladie, elle fit avertir M. Orain et le pria de la venir visiter. Le généreux prêtre ne s'y refusa pas, et, grâce aux précautions qui furent prises, il réussit à voir cette dame. Ce ne fut cependant pas sans que Lebatteux en eut connaissance. Il alla trouver sa femme : — « Je connais, lui » dit-il, tes rapports avec le calotin Orain.» Celle-ci pâlit, effrayée. « Cependant, ajouta-» t-il aussitôt, ne crains ni pour toi, ni pour » lui, je ne puis lui refuser mon admira-» tion. » Ceci confirme ce que nous avons déjà eu lieu de remarquer, combien l'héroïque conduite de l'homme de Dieu en imposait à ses ennemis même, et comment elle allait jusqu'à leur commander à son égard le respect et la douceur. Un autre témoin affirme que, s'entretenant lui-même un jour avec le commissaire Coquet, celui-ci avoua qu'il avait reconnu quelquefois M. Orain dans les rues de Redon, mais qu'il avait feint de ne le point apercevoir. Et, à cette occasion, il en faisait le portrait suivant : — « Le petit bonhomme était coiffé » d'un chapeau à trois cornes, tels qu'en » portent les paysans de Fégréac. Il avait » des gilets et une culote en laine couleur » de la brebis, des guêtres de toile et des » sabots. Un autre jour, il vint faire ses » courses à Redon, vêtu en chaudronnier, » la drouine (1) sur le dos. »

Voici un dernier trait qui montre jusqu'à quel point cet intrépide serviteur de Dieu était dévoué à ses pauvres infirmes. Il a été raconté par M. Rosier, témoin du fait et compagnon de M. Orain dans cette circonstance. Vers neuf heures du soir, il revenait avec lui d'administrer un malade, au Coudray, en Plessé, à plus de quatre lieues de Fégréac. Il soupait avec M. Rosier, à

(1) Sorte de hotte à l'usage des chaudronniers.

Barisset, lorsqu'il vit entrer un homme du Coudray, qui le demandait pour un autre malade. — « Oh! mon ami, soupire-t-il, j'en arrive! — Je le sais, Monsieur, nous vous avons vu, nous vous avons appelé; mais nous n'avons pu nous faire entendre ni vous rejoindre; mais je suis allé chercher un cheval pour vous. — Ah! un cheval!... Je préfère encore aller à pied (le froid était des plus intenses). — Rosier, viendrez-vous avec moi? — Oui, M. Orain. — Eh bien! soupons et partons. » Ils prennent leurs bâtons et ils se mettent une seconde fois en route pour le Coudray. C'était une course de seize lieues qu'ils allaient faire dans la journée. Le malade est administré; ils reviennent; encore une demi-lieue, et ils pourront enfin se reposer. Mais les forces de M. Orain lui font défaut. Arrivé dans le bois de Brandy, il s'écrie : — « Mon cher Rosier, il m'est impossible d'aller plus loin; la fatigue m'emporte; il faut que je dorme; je tombe. » Et il se couche à terre. M. Rosier en fait autant, mais il prend une précaution que M. Orain a oubliée : il met son mouchoir sous sa tête. Le sommeil ne fut pas long; le froid était trop piquant. — « Rosier, dormez-vous? — Non, M. Orain. — Avez-vous un couteau? — Oui. — Levez-vous et coupez-moi les cheveux ; ils sont tellement gelés et collés à la terre, que je ne puis me lever. » Il disait vrai, et M. Rosier ne put le dégager qu'en lui coupant une partie de sa chevelure.

De pareils faits parlent assez d'eux-mêmes et sont au-dessus de tout commentaire.

M. Orain n'abandonna point les malades même après leur mort. Non-seulement il fut assidu à offrir le saint Sacrifice pour le repos de leurs âmes, mais il continua tant qu'il le put de leur donner les honneurs et les prières de la sépulture. Nous en trouvons deux mémorables exemples dans ses Mémoires.

« En 1793, dit-il, la femme de Paul Marchand, de Trégrand, étant morte, la famille me pria de lui dire une messe d'enterrement. Ne pouvant plus le faire à l'église, je donnai rendez-vous au village de Nappes, dans la grange du nommé Roulet. Mais ce jour-là même, dès le matin, il était parti de Redon un détachement de bleus qui suivirent le grand chemin et, après l'avoir quitté, vinrent par le village de la Péroglais, à travers les champs et les blés. Favorisés par un brouillard fort épais, ils se répandirent de tous côtés sans être aperçus, et mes sentinelles ne purent rien voir. Ceux qui conduisaient ces soldats les firent traverser une lande pour arriver au lieu où j'étais. Mais en approchant du bois de la Brousse, soit par erreur, soit à dessein, au lieu de prendre le chemin de Nappes, qui est plus bas et plus caché, ils prirent celui de la ferme de la Brousse, qui est plus élevé et plus apparent, et se mirent à fouiller ce village. Je n'avais point encore commencé la messe et j'étais occupé à confesser, lorsqu'on vint m'avertir de ce qui se passait. Aussitôt je fis serrer les ornements et les vases sacrés qui étaient disposés, et nous les emportâmes avec nous par les prés bas dans le bois de Beaumont. A peine y étions-nous entrés, que des cavaliers venant du village de Trayan passèrent près de nous, mais sans nous apercevoir, et allèrent se joindre à ceux qui étaient à la Brousse. Ils nous auraient certainement pris, si nous avions tardé de six minutes à nous enfuir. Pendant ce temps-là, les personnes qui étaient venues pour la messe s'en retournaient à Trégrand. Les bleus les aperçurent dans la lande de l'Etrie, s'imaginèrent que j'étais avec elles, et cessant aussitôt leur perquisition à la Brousse, ils se mirent à leur poursuite. Ils veulent des prêtres, et ils prennent tous les hommes qu'ils voient pour autant de prêtres ; ils les arrêtent, ils fouillent le village de Barisset, ils vont à Trégrand, où était la femme morte. C'est là qu'il leur faut le prêtre qui l'a confessée et administrée, mais personne ne voulut les satisfaire. Cependant, j'étais grandement affecté par quelque chose qui m'inquiétait beaucoup ; je n'y trouvai point d'autre remède que de me mettre en prière ; je le fis, et alors ce que je craignais n'arriva pas. Les bleus s'en allèrent enfin par le bourg et nous laissèrent reprendre notre ouvrage. Les bonnes gens revinrent, je dis la messe pour la défunte, mais, cependant, je n'allai pas faire la sépulture au bourg.

» Je reconnus encore là une marque bien visible de la bonté de Dieu à notre égard, et de la protection de la sainte Vierge et des saints Anges-Gardiens, envers qui j'avais beaucoup de dévotion. Je gémissais en moi-même de voir que j'y correspondais si mal, et que j'en étais si indigne. Je pensais aussi que ce n'était point pour l'amour de moi que Dieu me conservait ainsi et me faisait échapper à toutes ces poursuites ; mais que c'était bien plutôt pour tant de bonnes âmes qui le servaient mieux que moi, et que Dieu ne voulait pas priver des secours spirituels. C'est pourquoi je ne croyais pas devoir cesser de m'exposer pour les leur procurer, et pour soutenir les intérêts de mon divin Maître. »

Le second exemple que rapporte M. Orain, est la sépulture de la respectable veuve Pajot, servante de la cure, et dont nous avons déjà parlé. « Ce fut, dit-il, pendant que les bleus, venus de Nantes pour me prendre, faisaient leurs perquisitions au bourg, que j'administrai la bonne et excellente femme, veuve Pajot, qui avait pris tant de soin de nous pendant ces mauvais jours, et qui mourut à Barisset. Je célébrai ses funérailles à la chapelle de la cure, et j'envoyai ensuite le corps au bourg pour y être inhumé. Ceci arriva le 28 décembre 1798, jour de la fête des saints Innocents. »

Il est beau de voir ce saint prêtre ne négliger aucune de ses fonctions sacerdotales, pas même les moindres en apparence, et y persévérer, au contraire, jusque dans les jours de la plus grande terreur. Mais ce que l'on a peine à comprendre, c'est que, au milieu de tant de travaux, de fatigues et de difficultés presque insurmontables, il ait pu songer encore à entreprendre des œuvres accessoires, telles que des retraites communes pour les adultes. Il le fit néanmoins, encouragé par la bénédiction ex-

traordinaire que Dieu donnait à son ministère ; et le succès répondit à son zèle.

Ce fut en l'année 1795 que, voyant un
peu plus de calme dans les événements, il
fit son premier essai, d'abord en faveur de
ses paroissiens. N'osant pas les réunir à
l'église, il le fit à la chapelle de la Magdeleine, à quelques centaines de mètres seulement du bourg. Il régla qu'il y aurait quatre
retraites distinctes : la première pour les
hommes, la seconde pour les femmes, la
troisième pour les garçons et la quatrième
pour les filles ; que chacune de ces retraites
durerait huit jours consécutifs et qu'elles
consisteraient en divers exercices, tels que
instructions, lectures, chants des cantiques,
prières, etc. Le but principal qu'il se proposait, dans ces exercices, était de prévenir
où de réparer le dommage que pouvaient
occasionner dans les consciences, les temps
malheureux au milieu desquels on vivait, et
qui se prolongeaient indéfiniment. Rien, en
effet, n'était plus propre à atteindre ce but
que l'affermissement des esprits dans la foi
par des instructions solides et continues, et
celui des cœurs dans la vertu par la sanctification des consciences. En se trouvant
réunis dans cette communauté de sentiments pieux et de pratiques chrétiennes,

ces fidèles s'exhortaient mutuellement, par la parole et par l'exemple, à s'opposer, comme un faisceau, aux progrès dissolvants du mal, et à persévérer, à tout prix et jusqu'à la fin, dans la pratique du bien.

On comprend néanmoins quel surcroît de sollicitudes et de fatigues une pareille entreprise devait apporter au zélé prêtre. Seul, il n'eut évidemment pu y suffire. C'est pourquoi il chercha de l'aide autour de lui, et n'hésita pas à employer les moyens les plus faibles en apparence, persuadé que ce sont ceux-là que Dieu se plaît davantage à bénir. Ayant donc assez à faire d'entendre les confessions des retraitants, il s'adjoignit Mme Saint-Esprit et deux autres de ses religieuses qui lui parurent plus propres au but qu'il se proposait, et il les autorisa à faire les instructions et les autres exercices de la retraite en son absence. Ces dames s'en acquittèrent avec tant de zèle et de convenance, qu'elles ne tardèrent pas à se concilier le respect et la confiance de tous les paroissiens. M. Orain confessait à l'église et venait de temps en temps à la chapelle de la Magdeleine, encourager les religieuses et les fidèles. Ceux-ci, du reste, se montraient extrêmement reconnaissants de la peine qu'on se donnait pour eux ; et

les fruits qu'ils recueillirent furent tels que,
bientôt, les paroisses voisines voulurent
y prendre part. M. Orain fut alors obligé
de s'adjoindre des confrères, et ces retraites devinrent de véritables missions qui
remuèrent tout le pays. Ce mouvement des
populations, l'appareil extraordinaire qu'entraînaient indispensablement ces exercices,
et les nouvelles persécutions qu'ils attirèrent
aux intrépides ministres de Dieu, ne permirent pas de leur donner tout le développe-
ment désirable et qu'eussent comporté des
circonstances plus heureuses. Néanmoins,
ils se répétèrent de temps en temps, de 1795
à 1800, et ils contribuèrent puissamment à
affermir la grâce de Dieu dans les cœurs et
la foi dans toute la contrée.

M. Orain établit également des neuvaines
pour la cessation de la persécution. Elles
consistaient en prières indiquées par le
Souverain-Pontife Pie VI, et auxquelles
étaient attachées des indulgences. Le digne
pasteur trouva le temps d'en copier un
très-grand nombre d'exemplaires, et de
les répandre parmi les fidèles. Ceux-ci se
livrèrent avec empressement à cet exercice
qui relevait leurs espérances et leur faisait
entrevoir les jours de paix qu'ils appelaient

de tous leurs vœux. Aux prières indiquées par le Saint-Père, M. Orain conseilla d'ajouter de courts pèlerinages à l'église ou aux chapelles les plus voisines. On s'y rendait en silence, en priant avec ferveur et les pieds nus. Les femmes elles-mêmes eurent à cœur de remplir cette dernière condition, souvent très-pénible, eu égard aux intempéries des saisons.

La piété de M. Orain n'était pas seulement austère comme les temps au milieu desquels il vivait ; elle était également douce et compatissante. Il s'efforçait de relever de toutes manières le moral de ces populations fatiguées par les maux sans nombre qu'elles enduraient depuis si longtemps. L'un des moyens qu'il imagina dans ce but et qu'il mit en œuvre durant les dernières années de l'épreuve, fut de faire jouer en plein air quelques-unes des antiques et naïves tragédies religieuses, inventées par nos pères, et qui représentaient les scènes principales de la naissance et de la passion du Sauveur. Il en retoucha lui-même le texte, afin de les approprier à ses acteurs, parmi lesquels il ne voulut pas admettre de femmes. Il les fit jouer par ses écoliers et par d'autres jeunes gens intelligents et pieux. Ces représentations eurent un grand succès, et contribuèrent autant à l'édification qu'au délassement de ce bon peuple.

C'est ainsi que, pasteur et brebis, prêtre et fidèles, unis dans les mêmes sentiments de charité chrétienne, passèrent ces dix années, de l'une des plus effroyables persécutions qu'ait essuyé l'Eglise, et qu'ils léguèrent à l'avenir un exemple mémorable de noble et héroïque persévérance dans la foi.

On a dit que la paroisse de Fégréac dut son bonheur aux conditions exceptionnelles dans lesquelles elle se trouva placée. Cela peut être vrai sous quelques rapports. Au moment où éclata la Révolution, elle était déjà animée d'une foi vive, et unie par une charité sincère et profonde. Elle eut, de plus, l'avantage de posséder un pasteur d'un zèle et d'un dévouement à toute épreuve. Mais il faut remarquer que les heureuses dispositions des fidèles et l'excellent esprit qui les anima, ne furent pas l'œuvre d'un jour, et ne surgirent pas au moment même de la persécution. Ils se formèrent durant les années qui la précédèrent, par le concours du zèle que déploya dès lors M. Orain, et de la docilité avec laquelle l'écoutèrent ses paroissiens, livrés avant lui, il faut bien le dire, à des discordes intestines déplorables. La persé-

cution, d'ailleurs, les atteignit comme les
autres, et si les excès en furent moins
désastreux pour eux, c'est que, d'abord ils
n'adoptèrent point les idées révolutionnaires ; c'est qu'ensuite ils surent amortir les
efforts qui furent dirigés contre eux, par
leur patience, leur prudence et leur parfaite union ; c'est qu'ils eurent une confiance entière dans la direction que leur
imprima leur saint pasteur ; c'est que la
conduite héroïque des uns et des autres
domina plus d'une fois les événements, et
finit par commander l'admiration et le
respect à leurs ennemis même ; c'est
qu'enfin ils prièrent et mirent leur confiance en Dieu : et que la confiance en Dieu
et la prière enfantent des prodiges.

CHAPITRE V.

—

LE Concordat venait de mettre enfin un terme à la persécution. L'Eglise de France pouvait respirer en paix et apprécier les pertes qu'elle avait faites et les consolations que lui ménageait la Providence. Celles-ci étaient plus nombreuses qu'on ne pourrait le croire; c'étaient ses milliers de martyrs qui étaient montés au ciel pour grossir les phalanges de ses célestes protecteurs; c'étaient ses confesseurs qui revenaient de l'exil, ou sortaient de leurs retraites, blanchis par l'âge et sanctifiés par la souffrance ; c'étaient ses populations fidèles, momentanément comprimées par la terreur, ou égarées par les illusions de la Révolution, et qui s'empressaient de revenir à la foi de leurs pères, source unique de la liberté et du bonheur véritables.

Les temples fermés se rouvraient : sous leurs voûtes, si longtemps muettes ou profanées, retentissaient les chants de l'expiation et de l'espérance ; ces pieuses enceintes étaient trop étroites pour la foule qui s'y pressait aux cérémonies saintes ; l'émotion était dans les cœurs, les larmes dans les yeux ; tous témoignaient à haute voix le bonheur qu'ils éprouvaient. Les témoins de ces premiers retours de la France au culte catholique sont encore nombreux, et il n'est personne qui n'ait pu entendre leurs récits et en être vivement touché.

Les habitants de Fégréac avaient un motif particulier de se livrer à la joie : c'était leur persévérante fidélité pendant les mauvais jours. Combien ne durent-ils pas s'applaudir alors, d'avoir cru à la parole si souvent répétée de leur courageux pasteur : que Dieu ne châtie pas ses enfants pour les

perdre, mais pour les purifier et les rendre meilleurs. Combien ne furent-ils pas heureux, d'avoir mis leur confiance dans ces promesses du Sauveur : — « Ne craignez
» rien, faible et timide troupeau; mais ayez
» confiance. J'ai vaincu le monde ; vous le
» vaincrez à votre tour. Mon Eglise est bâtie
» sur la pierre ; quand les portes de l'enfer
» viendraient à s'ouvrir et les légions infer-
» nales à soulever d'effroyables tempêtes
» pour la détruire, elles ne prévaudront pas
» contre elle ; car voilà que je suis avec
» vous jusqu'à la consommation des siècles. »

M. Orain réunit, dans ces circonstances, ses paroissiens à l'église; non plus secrètement, mais ouvertement. Il leur développa ces riches et consolantes pensées, dans un discours plein de chaleur, et chanta un *Te Deum* d'actions de grâces, auquel la population entière répondit avec transport. Au sortir de la cérémonie, les fidèles s'abordaient, le visage rayonnant de joie ; ils se prenaient les mains; plusieurs se donnaient le baiser fraternel, et tous s'en retournaient dans leurs villages en bénissant Dieu et en promettant de lui être plus attachés que jamais.

Le respectable recteur de Fégréac, M. Renaud, était revenu d'Espagne et avait reparu au milieu de son troupeau, qui l'avait reçu avec toute la vénération due à un confesseur de la foi. M. Orain s'était effacé devant lui, et s'efforçait de l'entourer de tous les témoignages de son respect et de son obéissance. Il s'était empressé de lui remettre la direction de la paroisse et de se renfermer, comme avant la Révolution, dans ses modestes fonctions de vicaire, et il continua d'agir ainsi jusqu'au commencement de l'année 1803, où la Providence l'appela à Derval, à l'entreprise d'une œuvre non moins difficile, sous certains rapports, que celle qu'il venait d'accomplir à Fégréac.

Mgr Duvoisin avait succédé à Mgr de la Laurentie, sur le siége épiscopal de Nantes, et le nouvel évêque s'occupait de pourvoir les paroisses de prêtres catholiques. C'était une tâche difficile, car jamais la moisson n'avait été plus abondante et les ouvriers moins nombreux. La plupart des prêtres qui avaient survécu à la persécution étaient âgés ou infirmes, et le vaste diocèse de Nantes, ravagé plus que bien d'autres par la tempête révolutionnaire, réclamait, pour réparer tant de ruines, un grand nombre de pasteurs aussi actifs que dévoués.

Parmi les contrées qui avaient le plus souffert, était, au nord du diocèse, celle dont le bourg de Derval est le centre. Ce n'est pas que la masse de ces populations eut donné avec ardeur dans les idées révolutionnaires; au contraire, celle des campagnes, surtout, les avaient toujours repoussées avec horreur ; mais parmi les habitants, il s'en était trouvé quelques-uns qui s'étaient laissé surprendre par les fausses doctrines, et n'avaient pas craint de donner la main aux agents de la Révolution venus du dehors. Derval était d'ailleurs une étape principale, située sur la route de Nantes à Rennes, et presque toujours encombrée de soldats et de voyageurs qui y entretenaient les idées nouvelles et corruptrices. Enfin, les districts révolutionnaires dont il était entouré, et celui de Guémené-Penfao en particulier, où régnait en despote le fameux P. M., n'avaient cessé d'exercer sur cette contrée une influence déplorable. Il s'agissait donc d'arracher ces populations excellentes, mais dont la foi avait été compromise, à une défection complète ; et pour cela, il fallait leur envoyer un pasteur aussi intelligent que zélé. L'évêque de Nantes et son conseil ne trouvèrent personne plus capable de remplir cette difficile mission, que le courageux M. Orain, et ils s'en exprimèrent ouvertement, en présence d'une députation des habitants de Derval, qui vinrent à Nantes, demander un curé de leur choix, mais qui leur convenait moins bien. — « Votre paroisse, leur dit le prélat, est semée de ronces et d'épines, il lui faut un laboureur actif et vigoureux pour la mettre en état. M. Orain a toutes les qualités désirables ; vous l'aurez pour curé. » En effet, Monseigneur informa immédiatement le digne prêtre des vues qu'il avait sur lui, et chargea les délégués de Derval d'aller eux-même saluer de sa part leur nouveau pasteur, et l'inviter à venir prendre possession de sa cure.

On ne peut douter que cette nomination, qui arrachait M. Orain à une paroisse où il était aimé comme un père et à laquelle il s'était attaché lui-même par les liens les plus étroits, n'ait été pour lui l'occasion d'un bien grand sacrifice. Chose admirable, cependant, il sut concentrer toutes ses émotions et ne manifester, au dehors, aucun de ses regrets. Au contraire, immolant toutes ses préférences au pied de la croix, il se montra si profondément soumis à la volonté de Dieu, qu'il reconnaissait dans celle de ses supérieurs, qu'il refusa d'accepter une permutation que lui offrait M. Crépel, son prédécesseur à Derval. Celui-ci, déjà âgé et manquant de l'activité nécessaire, avait été nommé à la cure de Saint-Gildas-des-Bois, moins importante que celle de Derval. Il représentait à M. Orain que Saint-Gildas était voisin de Fégréac, où il été vénéré et avait toute sa famille, et combien il lui serait facile d'y conserver de bonnes et agréables relations. — « Je sais, et je sens toutes ces choses, répondit M. Orain ; Saint-Gildas est une excellente paroisse, et si j'y avais été nommé, j'y serais volontiers allé. Mais en changeant moi-même ma destination, je craindrais d'agir contre les desseins de la divine Providence, et puisque Dieu me veut à Derval, j'y irai. » En effet, la députation des Dervalais étant venue le chercher, il fit immédiatement ses préparatifs et il partit dès le lendemain, à pied, et laissant à Fégréac d'immenses regrets et le souvenir de vingt années de son admirable ministère.

Son arrivée dans sa nouvelle paroisse ne fut pas de nature à le consoler de la perte de celle qu'il quittait. Il trouva le presbytère dans un état de délabrement et de dénuement absolus. Celui de l'église était plus déplorable encore. Converti alternativement en magasin à fourrage, en caserne et en club, elle offrait l'image d'une dévastation complète. Une note que nous a laissée

M. Orain nous apprend, qu'après s'être emparés des vases sacrés, des croix, d'une statue de la sainte Vierge, en argent, et de tous les objets précieux servant au culte, les patriotes s'étaient appliqués à dégrader le monument même. Ils avaient descendu, du haut du clocher, une magnifique croix en fer, et l'avaient remplacée par le bonnet de la liberté. Ils avaient abattu de superbes ormeaux, qui garantissaient le bâtiment contre les coups de vent, et l'avaient livré, sans défense, aux assauts des pluies et des tempêtes. Ils s'étaient fait un jeu d'enlever le plomb des fenêtres et d'en briser les vitres à coups de pierres. De toutes les boiseries de l'église, la chaire seule, après avoir été mutilée à coups de hache, fut conservée pour servir de tribune aux harangueurs populaires. Les confessionnaux furent transportés dans le bourg et transformés en guérites, où les persécuteurs se faisaient un malin plaisir d'obliger les dames connues par leur attachement à la foi, de monter la garde avec des fusils sans batterie. L'un de ces hommes exaltés, poussa l'impiété jusqu'à se faire un lit des boiseries et des linges des autels. Mais Dieu permit que la nuit même où il s'y coucha, il y fut suppris et tué par un parti de chouans, qui vint à passer, comme s'il eût été envoyé par la Providence, afin d'exercer contre lui la vengeance divine.

L'église de Derval avait eu à subir des profanations plus regrettables encore. Son autel principal avait été entièrement dégradé, et les autres détruits. Un jour, transportés d'une frénésie vraiment diabolique, d'ardents patriotes précipitèrent à terre et brisèrent un magnifique Christ, placé au-dessus de l'arcade qui servait d'entrée au chœur; puis le prenant, ainsi que les statues des saints qui ornaient l'enceinte, et ce qui restait encore des boiseries, ils les transportèrent au milieu du cimetière, les rangèrent autour d'un grand bûcher et y mirent le feu. Par un raffinement d'impiété et de malice, ils avaient pris la précaution de tourner les images vénérées, le dos vers le bûcher et la figure vers l'assistance, après quoi, entrant à main armée dans les maisons, ils forçaient les dames chrétiennes à venir danser avec eux autour de cet infernal brasier. Ces scènes révoltantes inspirèrent un profond sentiment d'horreur à la population toute entière qui, aujourd'hui encore, n'en parle qu'avec indignation et effroi. Mais alors la terreur dont elle était saisie l'entraînait à subir ces actes de contrainte,

que les hommes de la Révolution s'atta-
chaient à multiplier, afin de faire pénétrer
au sein du peuple, et malgré lui, une impiété
qu'il repoussait du fond du cœur. Nous
voyons, en effet, qu'ils usèrent des mêmes
procédés pour détruire une belle croix en
pierre plantée au milieu du cimetière, une
autre placée à l'embranchement de la
grande route et du chemin de la cure, et
toutes les autres croix de la paroisse. Ils
allaient prendre dans leurs demeures les
plus honnêtes gens qu'ils contraignaient,
sous peine de la vie, de se prêter à ces
destructions sacriléges. Nous rapportons
ces faits, parce qu'ils expliquent comment
l'irréligion imposée aussi violemment à un
peuple, d'ailleurs profondément chrétien,
put néanmoins persister chez plusieurs et
devenir, plus tard, un obstacle sérieux à la
réforme religieuse que M. Orain venait
accomplir. Mais avant de toucher ce point,
disons d'abord ce qu'il fit pour la restauration de son église.

En ces temps malheureux, il était difficile
de se procurer des ressources pour ces sortes
d'entreprises ; les fidèles étaient ruinés par
les maux de la Révolution et de la guerre, et
les pasteurs n'étaient pas plus riches qu'eux.

M. Orain n'avait pas de fortune, et cependant ce fut sur lui-même qu'il songea tout d'abord à faire peser les premières et les plus lourdes charges. Il s'installa tant bien que mal dans son presbytère dévasté, se couvrit de la plus grosse étoffe, et se condamna, avec une de ses nièces qui le servait, à un véritable régime d'anachorète. Il est vrai que les années de persécution qu'il venait de traverser l'avaient accoutumé à cette vie de privations, et qu'il la continua jusqu'à sa mort. Néanmoins, il n'est pas inutile de faire remarquer le motif particulier qui le guida dans la circonstance dont nous parlons. Ce fut grâce à ces sacrifices qu'il s'imposa, et dont il donna l'exemple, qu'il parvint à amasser successivement quelques petites sommes et à restaurer, peu à peu, le saint lieu. Une note écrite de sa main, et que nous résumons ici, fera mieux comprendre que ce que nous pourrions dire, en quoi consistaient alors ces restaurations d'églises, et tout ce qu'il fallut de temps et de persévérance à M. Orain pour faire sortir la sienne de ses ruines.

« Après la pacification, dit-il, grâce aux soins de M. Crépel, mon prédécesseur, on commença à réparer l'église. On y mit des vitres, et l'on enduisit les parties des murs qui en avaient besoin.

» En 1805, je parvins à faire réparer entièrement le sanctuaire, qu'on éleva beaucoup au-dessus du niveau de la place publique, qu'il dépassait à peine. On refit à neuf la sainte table et les deux boiseries qui sont des deux côtés de la grande arcade. On remplaça le crucifix qui avait été brûlé, ainsi que les statues de la sainte Vierge et de saint Jean; et celles de saint Pierre et de saint Paul, qui furent faites par un artiste de Nantes. Le rétable fut réparé et repeint en entier. Le maître-autel et son marche-pied, qui étaient autrefois en pierre, furent refaits en bois et détachés du rétable. Le tabernacle fut également restauré et approprié, par des dispositions nouvelles, à la place qu'il devait occuper. On dalla l'église, partie en pierres d'ardoises et partie en briques. Les fonts furent transportés, de la porte principale près de laquelle ils se trouvaient, dans l'aile nord de l'église, où l'on avait pris l'habitude de déposer les balayures. On fit cesser cet inconvenant usage.

» En 1807, on fit l'autel du saint Rosaire et le confessionnal placé dans cette chapelle.

» En 1809, vers la Toussaint, on démolit un mur qui séparait les deux chapelles du midi, et on le remplaça par une arcade

formée d'une longue poutre supportée par
deux piliers en pierre, le tout revêtu de
plâtre. L'une de ces chapelles appartenait,
à titre féodal, à la maison de la Haye, et
l'autre était placée sous l'invocation de
saint Sébastien ; mais les préfets du département, MM. Letourneur et Belleville, dans
leurs visites, avaient successivement ordonné
de supprimer la chapelle de la Haye, donnant pour raison qu'il ne devait plus y avoir
de droits seigneuriaux. Le conseil de fa-
brique jugea plus à propos de la réunir
à l'autre, afin d'agrandir l'église : c'est ce
qu'on fit en plaçant la nouvelle chapelle sous
l'invocation collective de saint Sébastien et
de saint Fiacre, également honorés dans
l'église. On refit à neuf l'autel et le rétable
de cette chapelle, ainsi que les deux statues
des saints patrons.

» En 1821, les murs de l'église furent
crépis de nouveau et dans toute leur étendue. Cette opération découvrit des débris
de peinture murale que l'on ne put conserver, et représentant des religieux en
robes blanches et en scapulaires noirs ; ce
qui indiquerait qu'autrefois cette église dût
être desservie par des religieux portant ce
costume.

» La petite arcade, voisine de la chaire,

fut également ouverte et accommodée de
manière à dégager le passage qui conduit
à la chaire, etc. »

Nous ne pousserons pas plus loin ces détails qui suffisent pour attester la touchante
sollicitude du saint prêtre pour sa pauvre
église. Elle était si délabrée et si insuffi-
sante, que le meilleur moyen de la restaurer eut été de la détruire de fond en comble
et de la remplacer par une neuve. Il le
sentait bien lui-même ; mais , au temps
dont nous parlons, le défaut de ressources
lui rendait cette entreprise impossible, et,
plus tard , il se trouva tellement accablé
par les travaux du ministère , qu'il dût se
borner à entretenir le vieux temple et à
faire des vœux pour que la Providence lui
donnât un successeur capable d'en construire un nouveau. Des témoignages graves
rapportent que Dieu l'aurait, en effet, con-
solé dans ses dernières années , en lui faisant entrevoir la réussite certaine de cette
construction. Répondant à des fidèles fer-
vents qui lui en représentaient la nécessité :
— « Vous avez raison, aurait-il dit ; mais à
chacun son œuvre. Celle dont Dieu m'a
principalement chargé , a été de lui ramener et de lui attacher vos âmes. Après moi,
la Providence vous enverra de Nantes un

autre pasteur pieux et zélé, qui élèvera à
cette place un temple digne de lui et de
vous. » Ces paroles étaient prophétiques,
car, aujourd'hui, en approchant de Derval,
les regards sont d'abord frappés par l'as-
pect d'une jolie flèche qui s'élance dans les
airs, surmontée d'une croix. Elle couronne
un temple vaste et d'une architecture grave
et sévère. Il s'élève à la place de l'antique
sanctuaire et du cimetière qui l'entourait,
comme une expiation des profanations qui
furent commises en ces lieux, et une preuve
éclatante que les labeurs et les vœux du
vénérable M. Orain n'ont point été stériles,
puisqu'ils ont produit une population capable d'ériger un pareil monument de foi,
et un pasteur digne de continuer et de per-
fectionner la tâche commencée par l'apôtre
de Fégréac et de Derval.

L'œuvre principale de M. Orain fut, en
effet, la restauration de la foi et des mœurs
dans cette contrée, et c'est d'elle que nous
avons à parler maintenant.

Nous avons déjà indiqué le premier obstacle qu'il rencontra dans les semences
d'impiété que la Révolution avait laissées
dans le pays. Il en trouva d'autres plus sérieux encore dans certains désordres publics, tels que danses, réunions, veillées,

où les mœurs, loin d'être respectées, recevaient de cruelles et irréparables atteintes.
Pour comble de malheur, tous ces désordres avaient grandi à l'ombre d'une
ignorance profonde des vérités chrétiennes,
causée par l'absence prolongée de toute
instruction religieuse. Enfin, un certain
nombre de paroissiens regrettaient leur
ancien pasteur, M. Crépel, et d'autres
redoutaient le nouveau à cause de son zèle.
On affectait de diriger contre celui-ci des
critiques vives et amères. On trouvait ses
offices à l'église trop multipliés, ses sermons trop fréquents et trop longs, les
exhortations à la conversion et à la fréquentation des sacrements trop pressantes,
etc.; et de toutes ces causes il résultait une
sorte de prévention et d'opposition aveugle
qui entravaient tout le bien sérieux et con-
tristaient vivement le cœur du saint prêtre.
Il avoua lui-même plus tard, dans un
moment d'épanchement, à l'un de ses amis
intimes, que ce fut là l'une de ses plus
rudes épreuves, et que la cure de Fégréac
étant venue à vaquer, et les habitants de
cette paroisse lui ayant envoyé une députation pour le prier de revenir parmi eux,
il fut violemment tenté d'en faire la demande à son évêque. Cette tentation, néan-

moins, ne fit qu'effleurer son âme, et ne
pénétra point jusqu'à sa volonté; il se raf-
fermit bientôt dans la soumission au dessein
de la Providence, et dans la résolution
énergique de se dévouer persévéramment
au salut des âmes qui lui étaient confiées.
Il continua, en conséquence, d'exercer les
fonctions de son ministère avec toute la
liberté que lui commandait l'importance de
son auguste mission. Ses exemples prêchaient, d'ailleurs, beaucoup plus encore
que ses discours, et il persévérait dans la
prière, demandant à Dieu d'applanir lui-
même les difficultés et d'agir directement
sur les cœurs.

Tant de générosité lui mérita d'être bientôt exaucé, et les bénédictions que Dieu répandit sur son ministère dépassèrent toutes
ses espérances. Ceux de ses paroissiens qui
le voyaient plus souvent et le suivaient de
plus près, ne tardèrent pas à être frappés
de la sincérité de sa piété, de sa charité et
de toutes les autres vertus qui se révélaient
en lui; les âmes saintes en furent vivement
touchées et s'attachèrent promptement à
lui; les pécheurs et les impies eux-mêmes
se sentirent pénétrés de je ne sais quel sentiment de respect, que leur commandait la
vue et le genre de vie de leur nouveau pas-

teur, et la critique expirait comme malgré eux sur leurs lèvres.

Du respect ils vinrent à l'admiration, et l'admiration les fit passer insensiblement à la confiance. On rapporte qu'un jour, au sortir de la grand'messe, un groupe nombreux d'hommes se forma sur la place publique et l'on se mit à parler d'un sermon que M. le recteur venait de faire, et qui avait profondément ému l'assistance. L'un de ces hommes, plein de bon sens, et qui jouissait d'ailleurs d'une certaine influence, prit la parole, et dit : — « Nous avons beau faire et dire, il faut bien convenir que nous avons là un recteur capable et instruit ; et qui plus est, c'est un saint. Au lieu de nous en plaindre, nous devons remercier Dieu de nous l'avoir donné. » Cette saillie pleine de conviction fit une impression profonde sur l'assemblée qui, d'ailleurs, partageait intérieurement le même sentiment, et l'on prétend que ce fut à dater de ce jour que cessa l'opposition systématique que l'on faisait au vénérable prêtre.

Toutefois, un événement plus important, qui survint, agit beaucoup plus puissamment sur les esprits, et détermina la conversion de toute cette paroisse. Ce fut le

jubilé sécnlaire que publia le Souverain
Pontife Pie VII, en 1803, et qui eut lieu
l'année suivante à Derval. Nous en parlons d'après des témoins oculaires, et nous
copions à peu près textuellement un rapport écrit, par l'un d'eux, à ce sujet.

« M. Orain comprit toute l'importance
de cette grâce insigne, et le parti qu'il
pouvait en tirer pour le salut de son peuple.
Il l'y prépara de loin par de solides instructions, et s'y disposa lui-même par la prière.
Le moment étant venu de mettre la main
à l'œuvre, il partagea le temps des exercices, qui durèrent cinq semaines, de la manière suivante : La première semaine, il
appela tout le monde indistinctement; la
seconde, il convoqua spécialement les
femmes; la troisième, les jeunes personnes;
la quatrième, les jeunes gens ; et la cinquième, les hommes. Le dimanche, il
faisait un appel général, les instructions
devant convenir à tous. Sans prendre garde
qu'il était seul prêtre (1), il admit à ces
exercices non-seulement ses paroissiens,
mais les fidèles des paroisses voisines qui
étaient privées de pasteur, et qui accoururent en foule, principalement de Lusanger

(1) Il fut près de dix ans sans avoir de vicaire.

et de Mouais. Animé d'un zèle à toute
épreuve et doué d'une activité prodigieuse,
il suffit à tout : instructions, confessions,
processions, prières, chant des cantiques ;
sans négliger la visite des malades et l'administration de sa paroisse, qu'il faisait
marcher de front avec les exercices du
jubilé.

» On était dans l'étonnement, et on ne
pouvait comprendre qu'il pût vaquer à des
occupations si multipliées et si diverses.
Le bon emploi de son temps et la grâce de
Dieu qui le soutenait, pouvaient seuls
expliquer ce mystère. Il passait ses jours et
ses nuits à l'église, et il n'en sortait même
pas pour prendre sa nourriture. Vers midi,
on lui apportait une soupe de pain trempé
et un œuf, qu'il mangeait à la sacristie,
debout et en expédiant les affaires urgentes.
Il sortait ensuite dans le cimetière, où il
prenait un peu l'air en récitant son bréviaire ; puis bientôt il revenait à l'église
achever son office et les autres prières,
après quoi il rentrait à la sacristie pour
recevoir les personnes qui avaient à le consulter et préparer ses instructions et ses
cantiques ; cela fait, il se hâtait de retourner au confessionnal, où l'attendaient de
longues files de pénitents. Il n'en sortait

que pour donner ses instructions, au nombre de trois par jour, et entremêlées d'avis, d'exhortations et de cantiques. Rentré de nouveau au confessionnal, il ne le quittait plus qu'il n'eût entendu toutes les personnes qui s'y présentaient, ce qui le força plusieurs fois d'y passer la nuit. On n'a pas souvenir que, pendant toute la durée du jubilé, il ait pris un seul instant de repos dans son lit. Souvent, au contraire, en ces jours de grande expiation, on le trouva au milieu de la nuit dans le cimetière, prosterné au pied de la croix, et consacrant à la prière pour les morts les seuls instants libres que lui laissât le soin assidu qu'il prodiguait aux vivants.

» De si grands exemples de charité, de piété et de zèle, plus encore que les instructions du saint pasteur, firent une impression profonde sur ces populations qui, depuis si longtemps, avaient oublié ce qu'étaient la religion et le véritable prêtre. Dès les premières semaines, on aperçut un changement merveilleux s'opérer parmi eux, et il ne fit que s'étendre et s'affermir jusqu'à la fin des exercices, qui se terminèrent par une solennité des plus édifiantes. Le nombre de ceux qui se réconcilièrent avec Dieu et approchèrent de la Table sainte fut incalculable. Le bourg et l'église ne désemplissaient pas ; la paix de l'âme et le bonheur étaient peints sur tous les visages ; on les témoignait hautement par des discours et par des transports de joie. Les plus anciens ne se souvenaient pas d'avoir vu des jours plus beaux. Mais ce qui fut mieux encore, c'est que les premiers fruits de conversion furent suivis d'un changement général de mœurs dans la paroisse. Les grandes réunions de village à village, si funestes pendant la Révolution, les danses bruyantes et prolongées pendant la nuit, les désordres du carnaval et d'autres plus pernicieux encore, disparurent et, à leur place, on prit l'habitude des réunions à l'église et des cérémonies saintes. On remplaça les chansons obscènes par le chant des cantiques, et le respect humain lui-même céda à une piété si franche et si sincère que tous, ouvriers, laboureurs, jeunes et vieux, se seraient fait un scrupule de passer devant une église ou une croix sans s'y arrêter pour prier un instant, ou du moins sans se découvrir en signe de respect. »

Tous les témoignages s'accordent à signaler ce changement vraiment extraordinaire, produit à Derval et dans les pa-

roisses voisines, par ce jubilé et par le
ministère de M. Orain, et ils font dater de
cette époque l'esprit de foi et de piété, qui
distingua, depuis lors, cette contrée. Il ne
faudrait pourtant pas croire que toutes les
difficultés eussent été vaincues, et qu'à
dater de cette époque, l'heureux pasteur
n'eut qu'à se reposer et à jouir. Il ne pouvait en être ainsi en présence des passions
humaines qui se réveillent sans cesse. Un
certain nombre de pécheurs endurcis avaient
d'ailleurs résisté à la grâce, et le démon
s'en servait comme d'instruments pour re-
conquérir son influence perdue. Une sorte
de réaction s'opéra donc contre l'œuvre
régénératrice si bien commencée, et elle se
manifesta par un retour prononcé aux
usages pernicieux qui, une première fois
déjà, avaient ouvert la porte aux désordres
dans la paroisse.

M. Orain ne put voir sans douleur ces
symptômes affligeants. Il s'en plaignit avec
douceur et force du haut de la chaire. Il
visita les chefs de famille du sein desquelles
étaient partis ces premiers scandales et les
supplia de ne pas permettre qu'ils se renou-
vellassent. Plusieurs fois même il se présenta inopinément au milieu de ces assemblées bruyantes, et le respect qu'on avait

déjà conçu de sa vertu, suffit pour les
dissiper. Mais bientôt elles se reformaient
ailleurs, et l'autorité des parents ne suffisait
pas pour arrêter les écarts d'une jeunesse
ardente et inconsidérée. Le saint prêtre
comprit dès-lors que, dans cette lutte in-
cessante du mal contre le bien, il ne devait
pas mettre bas les armes, et il s'appliqua
avec une persévérance, une sagesse et un
succès dont nous devons maintenant rendre
compte, à mettre en œuvre tous les moyens
que son ministère et son zèle lui fournis-
saient, pour affermir et développer le bien
dans sa paroisse.

Pénétré de plus en plus de cette vérité,
que le temple est la demeure de Dieu avec
les hommes et que ceux-ci doivent y venir
avec fidélité puiser les grâces du salut qui
en découlent, il commença par donner
l'exemple d'une grande assiduité à l'église.
On l'y trouvait presqu'à toute heure du
jour confessant, catéchissant, priant, rece-
vant les personnes qui venaient l'y consulter
pour leurs intérêts spirituels, et même pour
leurs affaires temporelles, car il se faisait
tout à tous, pour les gagner tous à Jésus-
Christ. Le but principal qu'il se proposait
était de faire prendre à ses paroissiens l'habitude de l'église et des sacrements de pé-

nitence et d'Eucharistie, qui sont les véritables sources de la vie chrétienne. C'est pourquoi il se tenait à la disposition des pénitents à toute heure du jour, principalement le matin et le soir ; et Dieu sait combien cette facilité et cette certitude que l'on avait de le trouver à chaque instant et d'en être bien reçu contribuèrent à convertir de pécheurs et à affermir de justes.

Sa charité pour les premiers était sans bornes ; si bien qu'on a cru pouvoir lui en faire quelquefois le reproche. Mais si l'on considère la grande expérience de cet homme de Dieu ; qu'il sortait d'une révolution où tant d'âmes avaient donné dans des écarts exceptionnels, et qu'il était pourvu de pouvoirs spéciaux pour absoudre les grands pécheurs, on sera plutôt porté à regarder ce qui a pu paraître, en certain cas, un excès d'indulgence, comme une heureuse alliance de la charité et de la sagesse de Jésus-Christ, dont ce saint prêtre était rempli. C'est ainsi qu'en ont jugé des prêtres graves qui l'ont parfaitement connu, et qui sont unanimes à dire que, s'il fut plein de condescendance pour les pécheurs, il fut plus sévère pour les justes, et plus encore pour lui-même. Les résultats admirables qu'il obtint parlent, d'ailleurs, plus haut que les raisonnements. Grâce, en effet, à ce sage tempérament de douceur et de fermeté qui caractérisa sa direction, on vit une paroisse éloignée depuis si longtemps de toutes les pratiques chrétiennes, revenir à l'usage des sacrements, avec une telle ferveur que, la veille des dimanches et des fêtes, le saint confesseur était littéralement assiégé à son confessionnal. Voici ce que disent à ce sujet les Mémoires où nous puisons ces renseignements.

« M. Orain passait régulièrement toute la matinée à l'église, priant et étudiant, en attendant ceux qui se présentaient à confesse. Il quittait tout pour courir à eux, et il confessait tant qu'il avait du monde. A l'approche des fêtes, il ne rentrait au presbytère que vers onze heures, minuit, souvent plus tard, quelquefois même il n'y revenait pas du tout. Dans tous les cas, il s'y retrouvait le lendemain avant le jour, et dès que les fidèles les plus diligents se présentaient à son tribunal. Les dimanches et les fêtes, il n'en sortait qu'au moment de la sainte messe, qu'il célébrait après s'être recueilli au pied de l'autel. Le saint Sacrifice achevé, il ne retournait point au presbytère ; mais, après avoir pris un potage qu'on lui apportait, ou même s'être contenté du morceau du pain bénit réservé au célébrant, il se remettait à confesser jusqu'à l'heure du catéchisme ou des vêpres, et, cet office achevé, il retournait encore au confessionnal, qu'il ne quittait qu'après avoir entendu les dernières personnes, ce qui, pour l'ordinaire, n'avait lieu qu'à une heure très-avancée de la nuit. »

Cet esclavage du saint prêtre au tribunal de la pénitence ne fit que s'accroître avec le temps, par la raison que nous avons déjà indiquée, qu'il recevait les fidèles des paroisses environnantes, demeurées sans pasteur. Il les considérait comme ses propres ouailles, et son cœur se dilatant à la vue du besoin de leurs âmes, il se dépensait chaque jour davantage pour elles.

Nous ne dirons qu'un mot de sa pratique à l'égard du sacrement de l'Eucharistie. Il sut tellement en relever la dignité et l'importance, qu'il parvint à réconcilier la presque totalité de ses paroissiens avec le devoir pascal, et mieux encore, à mettre la communion fréquente en honneur, même en dehors des jours de fête. Comme sa paroisse était très-étendue et qu'on venait le trouver de localités fort éloignées, il s'était mis dans l'usage, afin de ne pas priver les pieux fidèles d'une grâce qui était la récompense de leurs fatigues, de sortir de temps en temps du confessional et de communier ceux qu'il venait d'absoudre, même aux heures avancées du jour. Par ce moyen, il les renvoyait heureux et leur permettait de retourner promptement dans leurs familles, auxquelles ils communiquaient leur bonheur.

La prédication fut un autre moyen sur lequel M. Orain insista pour réformer sa paroisse, et il l'employa avec non moins de zèle que de succès. Il est vrai qu'il avait un talent particulier pour l'enseignement religieux. Nous pouvons en juger par six années d'instructions dominicales qui nous restent de lui. Toutes sont écrites de sa main, et, bien que les occupations dont il était surchargé ne lui aient pas permis de les rédiger intégralement, les canevas qu'il en a laissés présentent un ensemble si complet et des détails si précieux, qu'il est impossible de n'y pas reconnaître le fruit d'un travail soigné et d'une méditation profonde. Nous possédons également un grand nombre de sermons qu'il substituait aux prônes, les jours de fêtes solennelles et dans les circonstances spéciales. La plupart ont reçu une rédaction complète, et peuvent donner une idée du genre de M. Orain.

Ordinairement il emprunte son texte à

l'Evangile du jour, qu'il commente sous forme d'homélie, à la manière et souvent avec les paroles des Pères ; puis il expose le sujet de son discours, qu'il partage presque toujours en deux parties parfaitement tranchées ; il les développe successivement, en les appuyant de nouveaux textes des saints livres, de raisonnements et d'exemples ; il insiste particulièrement sur les conséquences pratiques, et termine par une exhortation vive et touchante. Cet ensemble est renfermé dans un cadre disposé logiquement, et méthodiquement rempli. On voit que M. Orain possédait les bonnes règles de la réthorique, et qu'il appartenait à cette ancienne école de prédicateurs qui se nourrissaient, avant tout, d'Ecriture sainte et de théologie, et qui, par là, formèrent la foi vive et éclairée de nos pères.

Le style du curé de Derval était toujours grave comme les vérités qu'il enseignait, et simple comme il convenait aux gens de la campagne auxquels il s'adressait. Mais ce qui répandait le plus de charme sur son discours, était l'effusion de piété et de charité qui débordait de son âme. En l'entendant, on reconnaissait bientôt que l'on était en présence d'un homme de Dieu, et l'on subissait, comme malgré soi, sa salutaire influence. C'est ce qui explique comment les esprits les plus rebelles finirent par aimer sa prédication , et comment , lorsque l'âge eut affaibli sa voix, on se pressait encore autour de sa chaire, et, souvent, on quittait sa place pour se rapprocher de lui et le mieux entendre. Il considérait comme l'un des plus importants devoirs du pasteur, de paître ainsi ses brebis du pain de la parole divine, et il l'accomplit scrupuleusement jusqu'aux derniers jours de sa vie. Alors cependant, son vicaire lui ayant fait connaître que sa voix était devenue tellement faible qu'on ne l'entendait presque plus, il cessa immédiatement de faire de longues instructions, craignant de priver, par sa faute, ses paroissiens d'une nourriture à laquelle ils avaient droit, et il chargea ce même vicaire de le suppléer dans cette fonction importante.

Au prône et au sermon , M. Orain ajouta un autre mode d'instruction , connu sous le nom de *conférence*, et qui consiste à se faire poser des questions ou des objections et à les résoudre. Nous possédons encore un cours complet de ces conférences, comprenant l'explication du symbole, du décalogue et des cérémonies de la messe ; il est également écrit de sa main, et est une nouvelle preuve de son application constante à l'instruction de ses paroissiens. Il réservait ordinairement ces conférences pour le temps du carême, et nous voyons par les dates inscrites en tête de ses cahiers, qu'il ne passa pas une seule année de son ministère à Derval, sans recourir à ce mode d'enseignement. Lorsqu'il eut un vicaire, il le pria d'être son interlocuteur ; mais auparavant, il se faisait aider par l'un de ses écoliers, qu'il revêtait d'une soutane et d'un rochet, et aux mains duquel il mettait des feuilles où étaient écrites les questions qu'il devait lui adresser. On sait combien ce genre d'instruction a d'attrait par lui-même, surtout dans les campagnes ; mais M. Orain savait en relever encore l'intérêt par le choix des questions qu'il traitait, les détails pratiques dans lesquels il entrait, et la forme ingénieuse qu'il donnait aux demandes et aux réponses. Dès qu'on apprenait qu'il allait reprendre le cours de ses conférences, on accourait en foule, l'église se remplissait, et c'était merveille de voir comment les auditeurs, tout yeux et tout oreilles, portaient alternativement leur attention de l'interlocuteur au prédicateur, et restaient suspendus aux lèvres de celui-ci, pendant des heures entières. On savait à l'avance que le zélé prêtre traiterait des questions intéressantes, et toucherait aux erreurs, aux préjugés et aux abus répandus dans la paroisse, et l'on était curieux d'apprendre ce qu'il en dirait. Au sortir de l'église et en s'en retournant chez soi, on s'entretenait encore des questions qui avaient été agitées ; on les répétait dans les familles, et l'on finissait toujours par cette conclusion : il faut en convenir, M. le recteur a raison. C'est ainsi que la vérité, sérieusement et sincèrement débattue, finissait par se faire jour et par s'emparer des esprits. Nous ne saurions dire tout le bien que ces conférences firent à Derval. Tous nos documents nous les représentent comme ayant été l'un des moyens les plus efficaces qu'ait employé le saint curé pour la conversion et l'édification de son peuple.

Cela ne l'empêchait pas d'en employer d'autres encore, et de les multiplier autant que les besoins de ses ouailles. C'est ainsi que, pendant qu'il fut sans vicaire, il fit régulièrement, les dimanches et les fêtes, afin de suppléer à la messe du matin, une prière solennelle et une instruction, auxquelles assistaient ceux qui ne pouvaient pas venir à la messe paroissiale. Le soir, après les vêpres, il faisait encore une lecture ou il récitait le chapelet, en méditant les mystères du Sauveur. Enfin, chaque jour, vers le soir, il conviait les fidèles, au son de la cloche, à venir adorer le Très-Saint-Sacrement, et il profitait de cette circonstance pour faire une lecture édifiante. Il ne faudrait pas croire que cette multiplicité d'instructions engendrât la monotonie et l'ennui. Nous verrons bientôt par quels autres exercices il sut en soutenir l'intérêt. Mais nous avons à dire un mot de ses catéchismes.

Nos lecteurs savent déjà quels succès il obtint en ce genre d'enseignement, à Fégréac, au temps de la persécution. A Derval, au sein de la paix, ils furent plus grands encore. Comprenant que l'avenir de la religion et des générations qui s'élevaient dépendait de cette instruction prémière, il s'y livra avec un redoublement de soin et de zèle. Il n'est pas un habitant de Derval, ayant connu M. Orain, qui ne se souvienne aussi de ses catéchismes. Voici comment l'un d'eux, aujourd'hui curé d'une grande paroisse du diocèse, en parle :

« J'avais dix ans et demi, lorsque je fus inscrit sur la liste des enfants admis aux catéchismes. M. Orain se préoccupait longtemps à l'avance de cette liste, et il avait soin qu'aucun enfant de sa paroisse ne lui fît défaut. Il usait de la même sollicitude à à l'égard des enfants de Lusanger et de Mouais, qu'il regardait comme faisant partie de son petit troupeau. Au jour indiqué, il réunissait tous ces enfants à l'église, séparait soigneusement les petits garçons des petites filles, et, après leur avoir adressé diverses recommandations, il commençait à les instruire. Ce n'était pas une tâche facile, alors que presque personne ne savait lire dans les villages, et que le prêtre n'avait ni maîtres, ni maîtresses d'école pour auxiliaires. Il était obligé d'enseigner lui-même la lettre, avant de donner les explications, et voici comment il s'y prenait : Il répétait d'abord, plusieurs fois, la première demande et la première réponse, puis il la faisait redire, à plusieurs reprises, au premier enfant; après quoi, il passait à la seconde demande, qu'il répétait de la même manière, sans jamais se rebuter. Il en faisait autant de toutes les autres, et la leçon ainsi apprise partie par partie, il la faisait réciter en entier par un enfant plus instruit, l'interrompant de temps en temps pour en interroger d'autres et s'assurer que le texte avait fini par s'imprimer dans ces jeunes mémoires. C'est alors qu'il donnait ses explications, commençant par indiquer le sens même des mots, auquel il ajoutait ensuite de nouvelles idées, en petit nombre d'abord, mais exposées avec tant de simplicité et de clarté, qu'elles ne manquaient presque jamais d'être saisies, même par les plus faibles intelligences. Afin d'éviter l'ennui qui naît de l'uniformité, il savait jeter de la variété dans ses discours, tantôt en racontant des histoires intéressantes, qu'il rattachait à son sujet (1); tantôt en marchant au milieu de son petit auditoire, et en s'adressant inopinément à ceux dont il voyait l'esprit distrait. De temps en temps encore, il chantait et faisait répéter après lui quelques couplets de cantiques. Ce moyen nous plaisait beaucoup et était infaillible pour réveiller notre attention. De cette manière, il pouvait prolonger ses leçons des heures entières, sans fatigue pour nous, et avec la certitude d'avoir semé dans nos cœurs des germes de vérités bien comprises, et qui porteraient un jour leurs fruits.

» La retraite préparatoire à la communion durait une semaine entière. Pendant ces jours, M. Orain se multipliait et ne s'appartenait plus. Tout entier à ses enfants,

(1) Il en avait fait un gros recueil, où il les avait rangées par ordre, et il s'en servait comme d'un répertoire, tant pour ses catéchismes que pour ses sermons.

14

il les réunissait dès le matin pour la sainte messe, qu'il faisait précéder de quelques avis, afin de déterminer le recueillement des esprits. À l'offertoire ou à la communion, il nous adressait encore quelques paroles vives et touchantes ; et après la messe, il nous donnait sa première instruction. Je n'oublierai jamais avec quelle éloquence douce et persuasive il nous parlait de la sainte Eucharistie, de la bonté que Dieu nous y témoigne, et des dispositions que nous devons apporter à la recevoir. Après l'exhortation et le cantique, il nous donnait quelques instants de récréation, dans le vieux cimetière qui entourait l'église, et, pendant ce temps, il récitait son bréviaire, en se promenant au milieu de nous, afin de nous en imposer par sa présence, et d'exercer sur nous une salutaire surveillance. A neuf heures, il nous adressait une seconde instruction sur divers points de doctrine et de morale. C'était comme un résumé de toutes les leçons du catéchisme. A onze heures, il nous conduisait devant une grande image, appendue au mur intérieur de l'église, et nous faisait l'explication de l'*Etat de l'âme*. (Nous dirons bientôt ce qu'il faut entendre par là). Cette explication terminée, nous

allions prendre notre repas et notre récréation chez les personnes du bourg
auxquelles il nous avait confiés , et qui
avaient la charité de nous recevoir. Il
prenait lui-même, à la cure, une douzaine
des plus pauvres et des plus délaissés.

» C'était aussi le moment qu'il choisis-
sait pour prendre son premier repas, expédier les affaires de la paroisse, et courir
visiter les malades qui n'auraient pu attendre. Vers deux heures, il reparaissait au
milieu de nous ; nous exerçait à nous présenter convenablement à la Table sainte; puis
nous conduisait, en récitant le chapelet,
tantôt à une croix, tantôt à une chapelle du
voisinage. Nous revenions dans le même
ordre, en chantant des cantiques. De
retour à l'église, il nous expliquait une
seconde image de l'*Etat de l'âme*, et faisait
suivre cette explication, d'une exhortation
touchante, de l'examen de conscience, et,
enfin, de la confession à laquelle il donnait
un soin particulier, jaloux qu'il était de
disposer nos cœurs, de la manière la plus
parfaite, à l'action la plus auguste et la
plus importante de la vie. »

Nous avons parlé des images représentant
l'*Etat de l'âme;* elles n'étaient autres que
les tableaux dont le célèbre P. Maunoir se

servit, au XVIIᵉ siècle, pour évangéliser la
Bretagne, et y renouveler l'esprit chrétien.
Ils représentent, en effet, sous divers
emblêmes, l'âme dans les différents états
du péché, de la grâce, de la tentation, de
la rechûte, de la conversion ; à l'article de
la mort et au jugement de Dieu ; en paradis
et en enfer. L'apôtre breton s'en allait de
paroisse en paroisse, chargé de ces tableaux
roulés sur des bâtons ; ils les suspendait
aux murs des églises et, les indiquant à
l'aide d'une baguette, il en donnait des explications tantôt pathétiques, tantôt terribles
qui impressionnaient vivement ses auditeurs, et déterminaient ces conversions
innombrables qui changèrent bientôt la
face de la province. Les successeurs du
P. Maunoir n'eurent garde d'abandonner
un mode de prédication aussi efficace ; les
pasteurs des paroisses l'adoptèrent eux-
mêmes, et aujourd'hui encore, il est en
usage dans certaines localités. On ne peut
douter qu'il n'ait puissamment contribué à
entretenir au sein de nos populations bre-
tonnes, cette foi vive et pratique qui fait
leur honneur.

Cependant, il faut le dire, notre délicatesse moderne s'est effrayée de ce vénérable
usage et tend à en faire disparaître les

derniers vestiges, sous prétexte qu'il donne trop de corps à la pensée chrétienne et qu'il est propre à surexciter les imaginations impressionnables. Ce n'est point ici le lieu d'examiner ce que ces motifs peuvent avoir de spécieux ou de réel, ni jusqu'à quel point il serait possible et convenable de ressusciter la méthode du P. Maunoir. Nous dirons seulement que M. Orain, qui vivait de l'esprit de ce saint missionnaire, ne s'arrêta point à toutes ces considérations, mais envisageant avant tout le bien qu'il pouvait produire au moyen de ces tableaux, il s'en procura plusieurs exemplaires, et s'en servit à Fégréac et à Derval avec le plus grand fruit. Voici ce qu'en dit le respectable prêtre dont nous avons déjà cité le témoignage :

« L'un des exercices les plus intéressants de la retraite était l'explication de ces images. Pour les exposer, M. Orain tendait une corde le long de la muraille, à une hauteur convenable, et le matin du premier jour il y suspendait une première image. Ensuite, il nous groupait devant elle, debout et en bon ordre, puis, montant sur un tabouret, la gauche tournée vers nous et la droite vers le tableau, il commençait par nous en faire connaître le sujet ; après quoi prome-

nant et arrêtant sa baguette sur chacun des
détails, et portant alternativement ses regards du tableau sur nous, afin de ne perdre de vue ni un seul trait ni un seul enfant,
il nous donnait les explications avec une
simplicité et un intérêt qui nous charmaient.
Afin de s'assurer si nous l'avions bien compris, il faisait répéter l'explication par
quelques enfants, et il y ajoutait de nouveaux détails jusqu'à ce qu'il vit que nous
avions parfaitement saisi ses pensées et
qu'il avait produit sur nous l'effet qu'il
s'était proposé.

» Le soir, il suspendait une seconde
image à côté de la première, et il l'expliquait de la même manière. Le lendemain
il en exposait deux autres, et ainsi de suite
jusqu'à la quatorzième qui était la dernière.
Il n'en enlevait aucune après l'explication,
afin qu'elles restassent toutes exposées aux
regards pendant la durée de la retraite, et
qu'en allant et venant on put les contempler
et en embrasser l'ensemble. Les enfants
n'étaient pas les seuls à profiter de cet
enseignement; un grand nombre de personnes plus âgées venaient y prendre part,
et celles qui entraient à l'église aux diverses heures du jour, s'approchaient de ces
tableaux et cherchaient à s'en rendre

compte, soit par la réflexion, soit à l'aide de leurs souvenirs. Tous en recevaient des impressions salutaires. J'avoue, pour ma part, que je ne les ai jamais oubliées et qu'elles ont exercé sur ma vie la plus heureuse influence. »

« Le premier effet que M. Orain produisit sur nous par ces gravures, dit un autre témoin, était de fixer notre attention et de nous intéresser au suprême degré. Le second était de nous rendre en quelque sorte palpables, et de graver d'une manière ineffaçable dans nos esprits les vérités importantes qu'il nous annonçait. Je ne sache pas avoir été jamais plus vivement impressionné par un sermon que par ces simples explications. J'en ai toujours conservé un profond souvenir, et je pense qu'il a dû en être ainsi de tous ceux qui ont eu l'avantage d'assister à cet exercice. »

C'est ainsi que M. Orain préparait ses enfants au jour de la communion. — « Ce jour, disent encore d'autres témoins, était le plus beau de l'année. La paroisse entière, en habits de fête, accompagnait les enfants qui se rendaient à l'église. Le pasteur était là qui les rangeait en ordre, leur adressait quelques avis, puis la messe solennelle commençait. Mais comment rendre

l'impression que nous éprouvions, lorsque
le saint prêtre, se tournant vers l'assemblée, avant de distribuer le Pain eucharis-
que, adressait à ses chers enfants les
dernières exhortations préparatoires ; ou
lorsque, ensuite, il produisait avec eux les
actes d'adoration, de reconnaissance et
d'amour pour ce Dieu qu'ils venaient de
recevoir ? Le ciel semblait ouvert, et les
anges présents à cette auguste cérémonie.
Le visage de M. Orain s'illuminait; sa voix
devenait plus douce et plus touchante encore ; elle avait un je ne sais quoi qui
pénétrait jusqu'au fond de l'âme. Des
soupirs s'échappaient des poitrines ; des
larmes coulaient des yeux, libres, si-
lencieuses, abondantes: l'émotion était à
son comble ! « Oh ! oui ! s'écrie ici un de
nos respectables témoins, ce jour-là est
véritablement un beau jour ! Il fut pour
moi le plus heureux de ma vie, si j'en ex-
cepte peut-être celui de mon ordination
sacerdotale. Le temps qui détruit tout n'a
jamais pu effacer de mon cœur ces suaves
impressions. Obligé, plus tard, de suivre mes parents dans un autre diocèse,
je n'avais plus sous les yeux le saint
prêtre, l'ange gardien de mon enfance;
mais son visage est toujours resté gravé

dans mon cœur avec le souvenir de ses vertus. »

« Ce jour-là, dit un autre document, M. Orain dînait au presbytère, en compagnie de ces petits anges qu'il venait de nourrir du Pain céleste. Il les conduisait processionnellement à la cure, située un peu en dehors du bourg, les faisait asseoir à des tables préparées, et, aidé de ses nièces, il les servait lui-même. Dans l'après-midi, il les ramenait à l'église en chantant des cantiques. Les vêpres, la rénovation des vœux du baptême, puis une belle procession, terminaient les exercices de ce grand jour. »

Nous n'entrerons point dans le détail de ces cérémonies qui, aujourd'hui, se sont généralisées et sont connues de tous. Il peut même se faire qu'en certaines localités, elles se fassent avec plus d'éclat et de pompe qu'elles ne pouvaient en avoir alors à Derval. Mais une observation est ici nécessaire, et elle est applicable à tout ce que nous avons dit et dirons encore du ministère de M. Orain dans cette paroisse. Il faut se reporter au temps et aux circonstances où il vécut, et ne pas les assimiler aux nôtres. M. Orain sortait d'une effroyable révolution qui avait tout détruit en fait de religion et de culte. Il était seul prêtre au milieu d'une paroisse pauvre, dénuée de tout, et qui ne lui offrait ni les ressources dont des temps plus heureux ont entouré les pasteurs des paroisses, ni les auxiliaires qui les secondent si puissamment dans l'exercice de leurs fonctions et dans la pompe de leurs fêtes. Ce qui étonne, c'est que, en ces temps et avec si peu de secours, ce digne prêtre ait pu faire autant et si bien, et surtout produire des fruits de salut aussi nombreux et aussi solides ; car, pour ne parler ici que des premières communions, tous nos documents sont encore unanimes à dire que ce fut au soin qu'il en prit, et à la manière dont il les fit faire, qu'il faut attribuer non-seulement le changement prodigieux qui s'opéra au sein de la jeunesse et des générations nouvelles qui s'élevaient, mais encore les heureux effets qui se produisirent parmi les générations plus avancées, que ces spectacles émouvaient vivement et rappelaient puissamment à Dieu.

L'époque de la première communion passée, M. Orain ne perdait pas de vue cette jeunesse qu'il avait si laborieusement enfantée à Jésus-Christ. Il la suivait, au contraire, avec une paternelle sollicitude, et s'efforçait de l'affermir dans le bien, ou de l'y ramener quand elle s'en écartait. Dans ce but, il ne cessait de l'exhorter à l'assiduité à l'église et á la fréquentation des sacrements. Il encourageait ceux qui donnaient le bon exemple, et les faisait entrer dans les pieuses confréries qu'il avait établies. Mais il ne se bornait pas à ces moyens principaux, et dont l'importance n'est pas toujours appréciée par la jeunesse. Celle de Derval surtout, habituée depuis longtemps au plaisir, avait besoin qu'on lui présentât la vertu sous une forme agréable, et qu'on remplaçât pour elle les attraits du mal par ceux du bien.

C'est ce qui engagea M. Orain, durant les premières années de son ministère, à faire jouer à Derval, ces mêmes tragédies sacrées qui lui avaient si bien réussi à Fégréac. Les acteurs étaient choisis parmi les jeunes gens qui se distinguaient par leur bonne conduite. Le temps employé à distribuer les rôles, à les apprendre et à les répéter suspendait les autres amusements frivoles ou dangereux. Comme on s'était accoutumé aux danses, les dimanches et les fêtes, ce fut aussi ces mêmes jours que l'ingénieux et charitable prêtre choisit pour représenter ses tragédies. On vit bientôt toute la paroisse y accourir et se passionner pour les scènes touchantes et naïves de la pastorale et de la passion du Sauveur. Le martyre de saint Donatien et de saint Rogatien faisait couler les larmes ; et l'exemple de saint Agapit, renversant l'idole qu'on veut l'obliger d'adorer, inspirait le courage de fouler aux pieds le respect humain et de professer hautement la religion. Ces innocentes récréations prévalurent peu à peu, et chacun, en rentrant chez soi, se trouvait bien autrement impressionné et heureux que s'il fût sorti de ces assemblées coupables, où l'innocence fait de si tristes naufrages.

Plein de tendresse pour ces jeunes gens en qui il voyait l'espoir de sa paroisse et de l'Eglise, le digne prêtre se dévoua à eux d'une manière plus admirable encore, en se faisant leur instituteur. Car alors, les ordres religieux qui instruisaient le peuple n'existaient plus, et de nouveaux corps enseignants ne s'étaient point formés pour remplir cette louable et pénible tâche. M. Orain fonda donc une école dans son presbytère, et il y admit tous les enfants qu'il jugea capables et dignes d'en faire partie. C'était merveille de voir ce saint homme s'arracher à ses occupations si nombreuses et si graves, venir s'asseoir au milieu de ces jeunes gens, et leur donner des leçons de lecture, d'écriture, de grammaire et d'arithmétique. Il faisait, habituellement, la classe deux fois le jour, le matin et le soir. Cependant, lorsqu'il en était empêché par quelque affaire importante, il faisait donner la leçon aux plus jeunes, par les plus âgés, et il la donnait à ceux-ci, à ses premiers moments libres. C'était souvent en prenant ses repas à la cure, ou en attendant les pénitents à la sacristie, qu'il les instruisait. « Vingt-cinq ans durant, dit un de nos Mémoires, il remplit ainsi, seul, les fonctions d'instituteur, et ce n'est point exagérer de dire que la plupart des hommes de Derval qui furent alors en position de recevoir l'instruction primaire, durent ce bienfait à leur charitable pasteur. »

Serait-il nécessaire d'ajouter que le principal but qu'il se proposait, en s'attachant ainsi ces jeunes gens, était d'exercer sur eux une influence salutaire, et de les former aux habitudes de la religion et de la vertu? Il faisait plus encore, car il savait distinguer, avec un grand tact, ceux d'entre eux en qui la Providence avait déposé des germes de vocation ecclésiastique, et il n'hésitait pas à entreprendre leur éducation complète.

Il accueillait même ceux des paroisses plus éloignées qui, poussés par l'inspiration divine vers le même but, venaient le prier de les admettre à ses classes. Il eut toujours, près de lui, plusieurs de ces pieux jeunes gens auxquels il faisait faire leurs humanités, souvent leur philosophie, et quelquefois leur théologie. Deux lettres que lui écrivit M. l'abbé Morel, supérieur du Grand-Séminaire, font foi de la confiance que les supérieurs ecclésiastiques lui accordaient sous ce dernier rapport. Dans la première, M. Morel le prie, de la part de MM. les Vicaires Capitulaires, de faire faire les *six semaines*, c'est-à-dire la partie la plus délicate de la théologie, à l'un de ses élèves, qu'ils lui envoyaient en qualité de vicaire ; et dans la seconde, il lui fait un reproche amical de ce qu'il avait été consulté par lui sur un cas de conscience difficile à résoudre. Au fait, la question lui avait été adressée par un autre ecclésiastique portant le même nom d'Orain, et M. le supérieur s'y était mépris. La réponse est piquante, et elle fait trop d'honneur à ces deux prêtres éminents pour que nous la passions sous silence :

« M. le recteur,

» Vous m'honorez beaucoup trop en me

demandant mon avis sur les difficultés que vous présente l'exercice de votre ministère. Je suis loin de mériter pareille confiance de votre part, et je vous avoue que si je ne connaissais toute l'étendue de votre charité, j'aurais été tenté de regarder votre lettre comme une plaisanterie. C'est pour cette raison, M. le recteur, que je me contenterai de vous dire, tout simplement, ce que j'ai appris de la manière de penser de gens infiniment plus instruits que moi, sur la question que vous me soumettez.... »

(Suit l'opinion des grands théologiens sur cette question.)

Le charitable instituteur ne se bornait pas à donner l'instruction à ses chers élèves du sanctuaire ; il leur prodiguait ses soins les plus assidus et les plus dévoués. Quoique pauvre lui-même, il en logeait plusieurs au presbytère, les nourissait à sa table et payait leur pension au Séminaire, quand leurs parents ne le pouvaient faire. Nous voyons figurer fréquemment, sur ses livres de comptes, la formule suivante, qui révèle en même temps sa générosité et sa délicatesse :

« Le... payé pour la pension de *N...*, au Séminaire, la somme de... Si ses parents peuvent me la rembourser, ils le feront.

Mais si je meurs avant qu'ils se soient ac-
quittés, je leur en fais remise, et ne veux
pas qu'ils soient inquiétés à son sujet. »

Le saint prêtre aimait ces jeunes gens
comme ses enfants, il les recevait avec
bonté, les employait aux exercices religieux
dans son église et se les associait, de temps
en temps, dans ses courses évangéliques.
Chemin faisant, il les instruisait, leur ra-
contait des histoires curieuses et édifiantes ;
leur donnait des avis, récitait avec eux le
chapelet, et, tout cela, avec tant de simplicité et d'attrait, qu'ils se disputaient l'honneur de l'accompagner dans ces courses.
Ils le payaient d'un attachement vraiment
filial, et le plus bel éloge que l'on puisse
faire du maître et des élèves, c'est de constater la vénération et l'amour dont ceux-ci
n'ont cessé d'entourer la mémoire de celui
qu'ils se plaisent encore à nommer leur père.

Nous ne croyons pas pouvoir donner une
plus juste idée du service important que
M. Orain rendit à la religion, en formant
des prêtres à Derval, qu'en citant les noms
de plusieurs d'entre eux, qui ont perpétué
parmi nous l'esprit et les exemples de leur
saint précepteur. Ce sont MM. Massicot,
mort curé de Gétigné ; Orain, mort curé de
Noyal ; Brochard, curé de Ruffigné et mort

trappiste au monastère de Meilleray; Hamon, mort curé de Petit-Mars; Hamon, mort curé de Rougé; Chaussée, curé de Lusanger et mort à Fégréac, où il s'était retiré; Errard, mort curé de la Chapelle-des-Marais; Brégé, mort curé de Sion; Brangeon, mort curé du Cellier. Sont encore actuellement existants : MM. Morel, curé de Héric; Bocquel, curé de Vay; Allain, curé de Crossac; Daniel, chanoine-honoraire, aumônier du Sacré-Cœur; Bizeul, curé de Belligné; Plantard, curé de Chantenay; Malary (Julien), curé de Saint-Malo-de-Guersac; Malary (René), retiré chez son frère; Pinard, curé de la Planche; Chaïlleux, curé de Mésanger, etc..., auxquels il faut joindre plusieurs prêtres du diocèse de Rennes, et M. Jans, aujourd'hui le P. Martial, de la congrégation de Picpus et missionnaire en Océanie. En ajoutant à ces prêtres ceux que M. Orain avait déjà formés à Fégréac et que nous avons nommé (*p.* 94), nous verrons que le nombre en monte à plus de trente.

Mais il est à remarquer qu'en s'occupant ainsi de cette œuvre si éminemment sacerdotale, ce ne fut pas seulement au diocèse qu'il rendit un insigne service, ce fut encore à sa paroisse, où cette œuvre ne pouvait s'accomplir sans y produire un grand bien pour l'affermissement de la foi et de la piété parmi les fidèles. Ce dernier but ne cessait pas d'être le principal que se proposât le zélé pasteur. Il y travaillait constamment et par d'autres moyens encore, tels que la cérémonie des Quarante-Heures, qu'il célébrait toujours avec solennité et à l'occasion de laquelle, dès qu'il le put, il prit l'habitude d'inviter des prêtres étrangers à confesser ses paroissiens. Il faut citer aussi les retraites ou missions qu'il leur donnait de temps en temps. Alors, surtout, il invitait le plus grand nombre possible de ses confrères à le seconder, et ne négligeait rien pour assurer les fruits de ces exercices. Nous avons sous les yeux un plan de mission dressé par lui, et qui est une nouvelle preuve de son infatigable sollicitude pour le salut de ses paroissiens. Tous les exercices en sont réglés avec un ordre et une sagesse admirables.

Ils devaient durer au moins un mois, et se divisaient, ainsi que nous l'avons vu pour le jubilé, en quatre retraites successives : la première pour les femmes, la seconde pour les jeunes personnes, la troisième pour les jeunes gens, et la quatrième pour les hommes. « Cette disposition, dit-il, a l'avantage de

» permettre aux prédicateurs de donner
» des instructions appropriées à chacune
» de ces catégories, et comme, d'ailleurs,
» elle n'enlève qu'une semaine à chacune
» d'elles, et que les autres peuvent conti-
» nuer le soin de la maison et des champs,
» celle qui suit la retraite peut y être beau-
» coup plus assidue. »

Chaque retraite commençait par le chant
du *Veni Creator*, d'une antienne à la sainte
Vierge, et d'une autre au saint Patron, en
qui M. Orain mettait une grande confiance.
Elle finissait le dimanche par une communion solennelle, pour la catégorie en retraite. Les exercices de chaque jour avaient
lieu de huit heures du matin à quatre heures
du soir. L'intervalle était rempli par la
prière, le chant des cantiques, le chapelet,
les confessions et les instructions. Le sermon
n'apparaissait, avec ses formes graves,
qu'une fois le jour, mais les conférences
avaient lieu deux fois, matin et soir, et,
dit M. Orain : « Elles doivent durer une
» bonne heure chacune. C'est dans ces
» conférences, ajoute-t-il, qu'on dévoile
» aux fidèles tous leurs défauts, leurs vices
» et les abus qui se sont glissés dans la
» paroisse. On leur explique la manière
» d'examiner leur conscience et de se con-

» fesser ; et l'on dit à chaque catégorie,
» *son petit fait,* dont il ne serait pas conve-
» nable de parler en présence des autres. »

Nous voyons figurer dans ce plan deux
exercices particuliers à M. Orain. Le premier est un catéchisme dont on faisait répéter
aux retraitants les explications, et même la
lettre, afin de s'assurer qu'ils ne les avaient
pas oubliées, et de réveiller en eux les précieux souvenirs de leur première communion. Le second était l'explication des *États de
l'âme*, dont nous avons déjà parlé, et à laquelle M. Orain attachait une très-grande
importance à cause des fruits qu'elle produisait.

Les quatre semaines de retraites séparées
étant écoulées, le zélé pasteur y ajoutait
encore trois jours, durant lesquels on faisait
une sorte de récapitulation de toute la
mission, en présence des catégories réunies.
On achevait aussi de préparer les retarda-
taires, et l'on terminait chaque journée par
une grande cérémonie. La première de ces
cérémonies était une Amende-honorable ;
la seconde, une Rénovation des vœux du
baptême ; et la troisième, une Communion
générale pour les fidèles trépassés, et une
Plantation de croix, commémorative de la
Mission.

« Tous ces exercices, dit encore M. Orain,
» sont si multipliés et si variés, que les fi-
» dèles n'ont pas le temps de s'y ennuyer.
» Ils sont rendus à la fin qu'ils voudraient
» être encore au commencement. Mais,
» continue-t-il, ce à quoi les prêtres appe-
» lés à faire la mission doivent s'appliquer
» principalement, c'est à instruire les fidè-
» les des vérités de notre sainte religion, et
» des devoirs de leur état et de leur condi-
» tion ; c'est à leur apprendre à sanctifier
» leurs travaux, leurs peines et toutes leurs
» actions, en se tenant dans la présence
» habituelle de Dieu, et en cherchant uni-
» quement à lui plaire. Là est tout le secret
» de la sainteté et du mérite pour la vie
» éternelle. »

Ces dernières paroles, d'un sens si profond, n'étaient point une simple formule
dans la bouche de M. Orain. Plus on étudie
son ministère, plus on reconnaît qu'il ne
s'appliqua pas seulement à raffermir la foi,
mais encore à développer la piété qui en
est comme l'épanouissement et l'efflores-
cence. C'est ainsi que nous l'avons déjà vu
s'efforcer de faire prendre à ses paroissiens
l'habitude de la communion fréquente. Il
leur recommandait encore de disposer leurs
travaux et leurs voyages au bourg, de ma-

nière à se procurer l'avantage d'entendre la sainte messe, dans le courant de la semaine, ou, tout au moins, de faire une courte apparition à l'église. Il établit, de plus, la visite de l'adorable Sacrement, au déclin du jour, et lui-même il y appelait les fidèles au son de la cloche.

Après la piété envers Notre-Seigneur Jésus-Christ, il n'eut rien plus à cœur que la dévotion à la très-sainte Vierge. Dès son arrivée dans la paroisse, il s'empressa de rétablir la confrérie du saint Scapulaire et celle du saint Rosaire, et, en peu d'années, il parvint à les rendre très-florissantes. Il accordait aux associés le privilége de marcher dans les processions, sur deux rangs, immédiatement avant le clergé; mais il voulait qu'ils se distinguassent, avant tout, par leur conduite chrétienne, et particulièrement par leur piété envers leur auguste patronne.

C'est ici le lieu de parler de la pratique du chapelet, dont il fit un si grand usage, tant pour sa sanctification personnelle que pour celle des autres. Il en avait pris l'habitude au foyer paternel, et l'estime dans l'exemple du vénérable P. Monfort, dont il avait beaucoup étudié la vie et qu'il sut imiter sous plus d'un rapport. Comme lui, il appré-

ciait cette pratique au point de vue de sa sublimité et de sa simplicité, et il la considérait
comme un des plus sûrs moyens d'obtenir
les bénédictions célestes. A l'époque du
jubilé de 1804, il en établit la récitation
quotidienne dans son église, à l'heure où
nous avons vu qu'il appelait les fidèles à
l'adoration du Saint-Sacrement; et quand il
ne pouvait présider lui-même cet exercice,
il se faisait remplacer par son vicaire ou
par l'un de ses écoliers. Le dimanche et les
fêtes, il récitait encore le chapelet, et toujours il l'accompagnait du chant des cantiques. Il recommandait sans cesse cette
pieuse pratique et, afin de la propager plus
sûrement, il distribuait annuellement une
très-grande quantité de chapelets. Il portait le zèle jusqu'à réparer ceux qu'on lui
présentait endommagés. — « Monsieur le
recteur, lui disait-on quelquefois, j'avoue
que je n'ai point chapelet. — Vous êtes, mon
enfant, comme un soldat sans armes; prenez
celui-ci, mais surtout ayez soin de vous en
bien servir. — M. le recteur, la chaîne de
mon chapelet s'est brisée, et plusieurs
de ses patenôtres ont disparu. — Donnez
vîte, mon enfant. » Et comme il maniait
avec une grande dextérité les instruments
propres à cette réparation, en un clin-d'œil

elle était faite. Cette simplicité charmante et qui n'altérait en rien le respect qu'inspirait sa sainteté, prêchait plus éloquemment encore que ses discours. Mais rien n'égalait la puissance de son exemple. On ne le rencontrait jamais, soit à l'église, soit dans ses courses, que le bréviaire ou le chapelet à la main. On raconte à ce propos l'histoire suivante.

Il revenait un jour de Fougeray, où il était allé prendre part aux exercices des Quarante-Heures. Chemin faisant, il rencontra un groupe de dames respectables, de sa paroisse, qui revenaient elles-mêmes des exercices, et qui le prièrent de vouloir bien leur permettre de l'accompagner. — « Volontiers, Mesdames, répond M. Orain. » Et l'on se met à parler du pardon de Fougeray et des fruits qu'il avait produits. — « Ils sont grands, en effet, reprend le digne pasteur, Dieu a été bien bon pour nous, et il serait juste de lui en témoigner notre reconnaissance. Si vous le voulez, Mesdames, nous réciterons ensemble un chapelet à cette intention? » Le chapelet récité, — « Malheureusement, ajouta M. Orain, il est encore resté quelques pécheurs qui n'ont pas écouté la voix de Dieu; ils sont fort à plaindre; nous ferions bien aussi de réciter

un chapelet pour eux. — Soit encore. —
Mais cela ne suffit pas, reprit ensuite le
pasteur, il faut prier aussi pour la persévérance des justes. Encore un chapelet. —
Et pour les âmes du purgatoire ; un autre
chapelet. » Et ainsi de chapelet en chapelet, il eut sans doute ramené ces dames
jusqu'à Derval, en priant pour tous les
besoins de l'Eglise, si celles-ci, se sentant
fatiguées et craignant d'être importunes,
n'avaient demandé grâce. M. Orain, en effet,
n'aimait pas à perdre le temps ; il avait
hâte de rentrer dans sa paroisse. C'est
pourquoi, après avoir pris poliment congé
de ses gracieuses compagnes de voyage, il
pressa le pas et continua sa route en récitant seul ses chapelets.

Stimulée par ses encouragements et ses
exemples, la population tout entière eut
bientôt adopté cette sainte pratique. De
l'église elle passa au sein des familles : on
récitait le chapelet aux veillées et dans les
voyages. Un grand nombre récitaient le
rosaire en entier, et cette dévotion s'enra-
cina tellement dans la paroisse, qu'aujour-
d'hui encore, elle s'y perpétue florissante.
Le respectable successeur de M. Orain, nous
disait naguère : « Voilà trente ans que je suis
à Derval ; mes paroissiens et moi nous avons

toujours eu à cœur de conserver cette dévotion dans sa ferveur. Nous sommes exacts
à réciter le chapelet en commun, tous les
dimanches après vêpres, les jours de fêtes,
pendant le carême, le mois de Marie, etc... ;
de plus, on le récite dans presque toutes
les familles, et il est bien peu de fidèles qui
s'en dispensent. Vous pouvez juger du degré d'attachement que M. Orain était parvenu à inspirer à ses paroissiens pour cette
pieuse pratique, quand vous saurez que,
d'après ses conseils, les vivants et les bien
portants avaient pris l'habitude de réciter
le chapelet, au lieu et place de leurs infirmes et de leurs morts. J'ai connu un brave
homme qui a récité le rosaire en entier,
chaque jour, pour sa femme défunte, pendant plus de six ans. »

Dans la pensée de M. Orain, les cérémonies du culte n'avaient pas seulement pour
objet d'honorer Dieu, elles étaient aussi
l'un des meilleurs moyens de nourrir la
piété des fidèles. C'est pourquoi il aimait à
s'en occuper et à leur donner tout l'éclat
possible. Sa pauvreté et celle de ses paroissiens ne lui permettant pas d'avoir des
vases sacrés et des ornements de prix, il
voulait au moins qu'ils fussent décents. Il
formait lui-même ses chantres, les revêtait

de soutanes et de rochets, chose rare encore
en ces temps, et il voulait qu'aucun d'eux
ne fût indigne par ses mœurs d'une charge
qui l'approchait de l'autel. On rapporte
qu'un de ses marguillers étant venu lui dire
qu'un chantre d'une paroisse voisine demandait à prendre place au lutrin, — « Di-
tes-lui, répondit M. Orain, que je le remercie. » Et comme le marguillier représentait
que ce chantre avait une superbe voix :
— « Oui, reprit-il avec une certaine vivacité, je le connais ; mais il *entonne trop*. »
Cet homme avait malheureusement la passion du vin.

M. Orain était doué lui-même d'un bel
organe ; sa voix, sans être puissante, était
juste et agréable, et il chantait avec tant de
cœur qu'il suffisait de l'entendre pour être
porté à la piété. Il aimait beaucoup les
cantiques, et il en introduisit l'usage à
Derval. Ce n'est pas assez dire. Cet homme
si simple dans ses manières, mais si riche
dans son fond, était véritablement poète.
On ne trouve point en lui cette poésie fri-
vole qu'estime le monde ; mais cette poésie
qui a sa source au cœur, et qui, s'inspirant
de la religion, est sur la terre un écho des
mélodies du ciel. Le curé de Derval était
d'ailleurs trop humble pour chercher à tirer

vanité de son talent. Il méprisa au contraire cette folle prétention, et à l'imitation du P. Montfort, il consacra exclusivement ses chants à l'édification des gens de la campagne. Voici comment il s'en exprimait lui-même à son Evêque, en lui adressant un recueil de ses cantiques :

« Monseigneur et illustre prélat,

» Je prends la liberté de vous adresser ce petit recueil de cantiques, que j'ai composés et retouchés, et que j'ai tâché de mettre à la portée des simples fidèles, pour qui je le destine plus particulièrement. On n'y trouvera sans doute pas les agréments de la belle poésie ni la sublimité du langage. Outre que je n'en suis pas capable, j'ai pensé que cela n'était pas nécessaire pour porter les autres à la vertu. Mon désir a été de parler au cœur des fidèles, plutôt que de chercher à flatter l'oreille des connaisseurs ; mon but a été de leur faire goûter les vérités éternelles, de leur inspirer l'amour de Dieu et le désir de travailler à mériter le ciel, en leur exposant des motifs et des moyens qu'ils pourront comprendre et méditer, et en chantant ces cantiques sur des airs faciles et agréables.

» J'ai évité , entre autres choses , cette manière de parler à Dieu, que la belle poésie admet quelquefois , mais qui, cependant, n'est pas conforme au génie du langage chrétien et , encore , moins à la façon de penser des simples qui, loin d'employer les mots de *tu* et de *toi* à l'égard de Dieu , croient avec raison ne jamais pouvoir trouver de termes trop respectueux quand ils s'adressent à lui.

» Je désire , Monseigneur , que vous les jugiez dignes d'être présentés à Votre Grandeur, et d'être chantés dans l'assemblée des fidèles. Si vous y trouvez quelque chose qui ne soit pas convenable , je vous prie de le rayer et de le regarder comme non avenu : je le rétracte à l'avance.

» Daignez agréer, Monseigneur....

» *Signé :* ORAIN, recteur. »

C'est à ce point de vue purement chrétien et sacerdotal qu'il faut se placer pour juger la poésie de M. Orain. Peut-être publierons-nous un jour quelques-uns de ses chants pieux et populaires. Pour le moment, et afin de ne point interrompre le cours de cette histoire , nous nous bornerons à dire qu'il nous en a laissé plus de trois cents, tous écrits de sa main. La plupart ont pour objet les grandes vérités du salut, les mystères du Sauveur, et la louange de la sainte Vierge et des saints. Tous exhalent dans leur simplicité un parfum de foi et de piété qui élève l'âme vers Dieu, et la porte doucement à la pensée et au désir des choses du ciel. Plusieurs remontent au temps de la Révolution, et sont des prières pour l'Eglise et pour la France; des protestations contre le schisme; et des élans de l'âme s'excitant et se préparant au martyre: On reconnaît là ces chants dont l'héroïque confesseur s'occupait dans les bois et dans les souterrains, lorsqu'il était poursuivi par les bleus, et qu'il chantait ensuite dans l'assemblée des fidèles, pour affermir leur foi. Mais ce fut surtout à Derval, dans les loisirs de la paix et le silence des veilles, qu'il s'occupa à revoir et à répandre ces pieux cantiques. Il les apprenait à ses paroissiens, et les chantait avec eux dans les cérémonies religieuses auxquelles il donnait ainsi plus d'intérêt; et, afin de les populariser davantage, il les distribuait par petits cahiers qu'il prenait la peine d'écrire lui-même. Plus tard, il en fit imprimer plusieurs, et les habitants de Fégréac et de Derval possèdent encore une quantité de ces modestes recueils, qu'ils considèrent, avec raison, comme de précieux et vénérables souvenirs de leur saint pasteur. En un mot, celui-ci, fit si bien qu'il parvint à introduire l'habitude des cantiques au sein des familles et jusqu'au milieu des travaux des champs.

Constamment préoccupé de son œuvre, cet infatigable ministre dirigeait vers elle toutes ses pensées et toutes ses ressources, et il savait multiplier celles-ci à l'infini. C'est ainsi qu'il utilisa encore son talent poétique, en composant et en retouchant une foule de sentences pieuses et de prières, la plupart en vers, et qu'il affichait dans tous les lieux apparents de son presbytère. Sa chambre, son salon à manger et celui de réception, sa cuisine, son cadran solaire, son puits, en étaient garnis. Il distribuait, en outre, une quantité d'images, et il écrivait au revers ces mêmes maximes et ces mêmes prières, préludant dès lors à cette industrie des imagiers de nos jours, qui a pris de si larges proportions, mais qui alors n'était pas connue. Les images étaient rares, la plupart peu élégantes. M. Orain en relevait le prix par les quelques lignes qu'il y traçait de sa main. Il en avait tapissé tous les murs de sa chambre : on y remarquait entre autres deux grandes images représentant,

avec des détails nombreux et intéressants,
le chemin du Ciel et celui de l'Enfer. Il
se plaisait à les expliquer à ceux qui le
visitaient, de la même manière qu'il expliquait les tableaux du P. Maunoir. Ce saint
homme était une prédication vivante et continuelle, il voulait que tout prêchât et priât
autour de lui, et qu'à son défaut, les plus
simples-images suggérassent aux fidèles de
salutaires pensées et de saintes élévations
de cœur vers Dieu.

—

CHAPITRE VI

Suite du chapitre précédent. — Visite des malades; secours
religieux; petite pharmacie; succès près des vieux pécheurs;
encore P. M. — Visites aux paroissiens dans les villages,
dans les champs; rencontre des enfants; le petit sac de cuir;
le grand bâton. — *Chasse au péché mortel*, le jour, la
nuit; incidents divers. — Cette chasse ne s'attaquait point
aux pécheurs; un enfant prodigue; la partie de volant; le
château de F. — Le saint prêtre dessert plusieurs paroisses
sans pasteurs; comment il les évangélisait. — Il se fait
missionnaire; son secret pour multiplier le temps; ses
travaux excessifs; aventures de M. Lacoudre; comment il
pouvait être à Derval et au loin; le précipice; attaque
nocturne. — Prédications de circonstance. — Le collége de
Redon; MM. Courtais et Delsart; M. Le Bedesque, de
Chavagne. — Charité de M. le curé de Derval pour ses
confrères; M. Brégé, de Sion; M. Bocquel. — Soins qu'il
prend de deux de ses nièces; lettres à Thérèse. — Vieillesse
du vénérable prêtre; il tombe d'épuisement à Saint-Aubin-
des-Châteaux. — Grave maladie en 1825; dernière maladie
en 1829; scènes touchantes; mort du juste.

JUSQU'ICI nous avons considéré le respectable curé de Derval dans son presbytère: il ne s'y renfermait cependant pas; au
contraire; peu de jours se passaient sans
qu'il visitât quelque partie de sa paroisse ou
même des paroisses environnantes, et ce

que nous allons en dire paraîtrait incroyable,
si l'on ne prenait garde à l'activité prodigieuse de cet infatigable pasteur et au talent
avec lequel il savait économiser son temps.

Derval, ancienne baronnie appartenant à
la famille de Condé, est une paroisse d'environ trois lieues de diamètre, en tous sens.
Sa population était alors de mille à douze
cents âmes, et son territoire était semé de
landes, de bois et d'autres accidents de terrain qui en rendaient le parcours difficile.
C'était ordinairement dans l'après-midi que
M. Orain faisait sa tournée. Son but principal était de visiter ses malades, qui étaient
l'objet d'une sollicitude spéciale de sa part.
Ils le savaient, et désiraient ardemment
ses visites. Les paroles qu'il leur adressait
étaient pleines de compassion et d'intérêt;
mais il aimait à leur rappeler que leurs
souffrances pouvaient être pour eux une
source intarissable d'expiations et de mérites, et à les encourager par les exemples
du Sauveur et des saints. Ces considérations
avaient un charme particulier dans sa bouche, et elles laissaient toujours au fond des
cœurs de douces consolations. Il n'attendait
pas que ses malades fussent à l'extrémité
pour leur administrer les sacrements. Dès
qu'il reconnaissait que leur état offrait un

danger sérieux, il les préparait à la réception de la sainte communion et à l'onction
des infirmes, leur rappelant que ces grâces
sont efficaces pour la santé du corps comme
pour celle de l'âme ; et l'on remarqua que,
souvent, Dieu se plut à récompenser cette
foi en opérant des guérisons inespérées.

Le charitable pasteur ne se bornait pas
à donner les secours spirituels. Dans ces
campagnes isolées, où les hommes de l'art
étaient encore rares, les pauvres malades
manquaient de remèdes ou bien en em-
ployaient d'inefficaces et de dangereux ;
C'était leur rendre service que de les aider
de sages conseils et d'utiles secours. La
longue pratique de M. Orain lui avait fait
connaître une foule de précautions hygié-
niques et de préparations simples, qu'il ne
faisait pas difficulté d'enseigner. Il s'était
même créé une petite pharmacie, qu'il mettait à la disposition de ses paroissiens. Ces
soins vraiment paternels touchaient vivement ces bonnes gens ; mais il ne s'en pré-
valait que pour leur parler plus librement
de Dieu et de leur âme. Quand le danger
était subit, il quittait tout pour voler à leur
secours. On remarqua même que, la nuit,
il était toujours comme sur le *qui-vive* ; à
peine le premier coup de marteau avait-il

frappé la porte du presbytère, qu'il etait debout, ouvrait sa fenêtre et prenait immédiatement les renseignements qui lui étaient nécessaires. Pendant ce temps-là on introduisait les envoyés, et déjà M. Orain les avait rejoints, son bâton à la main, et sur les épaules un petit sac de cuir dans lequel se trouvaient son rituel, l'huile des infirmes et d'autres objets dont nous parlerons plus tard. Quels que fussent le temps et la saison, il se mettait aussitôt en route, et, s'il ne marchait pas seul, il proposait à ceux qui l'accompagnaient de réciter le chapelet pour le malade qu'ils allaient visiter ; il en faisait autant en s'en revenant.

Nous avons déjà dit combien était grande sa charité pour les défunts. Il en donna une nouvelle preuve à Derval, en instituant à leur intention une messe hebdomadaire, à laquelle il ne cessait de convier les fidèles, en leur rappelant les nombreux motifs qu'ils avaient de prier pour eux. Ce fut aussi dans le but de faire pénétrer plus profondément cet usage parmi son peuple qu'il s'astreignit, pendant de longues années, à chanter toutes les messes des morts. Il pensait, avec raison, que rien n'est plus propre à émouvoir les cœurs en faveur de ces pauvres âmes, que les chants et les cérémonies funèbres dont l'Eglise accompagne les prières qu'elle adresse à Dieu pour elles.

Les visites que le charitable prêtre faisait aux malades profitaient également à ceux qui ne l'étaient pas. Les paroles qu'il leur adressait, les exemples qui leur laissait, étaient comme de précieuses semences qui, tôt ou tard, fructifiaient dans leurs cœurs. On vit plusieurs fois d'incorrigibles pécheurs, frappés à leur tour des coups précurseurs de la mort, se souvenir de la bienveillante charité de leur pasteur, et le faire appeler d'eux-mêmes, afin de déposer dans son sein le trop lourd fardeau de leur conscience. On rapporte qu'un de ces hommes qui s'était constamment tenu en dehors de la religion, et qui même avait affecté des airs d'impiété, étant tombé dangereusement malade, et ne faisant point appeler son curé, le bon pasteur alla lui-même heurter à la porte de sa demeure ; mais elle lui fut refusée par de prétendus amis de cet homme, qui crurent lui être fort agréables, en venant lui apprendre ce qu'ils avaient fait. — « Vous avez eu très-grand tort, répartit celui-ci, d'éconduire un homme aussi respectable que M. Orain ; sa présence ne m'eut fait que du bien. Malade ou bien portant, j'aime la vertu personnifiée ; peut-être ne me serais-je pas confessé tout de suite, mais au moins j'aurais entretenu ce vertueux prêtre. Désormais, que ma porte lui soit ouverte, toutes les fois qu'il lui plaira de s'y présenter. »

On connaissait si bien la charité du curé de Derval pour les pécheurs à l'article de la mort, qu'on le faisait venir près d'eux, souvent de fort loin, et lors même qu'ils avaient refusé d'autres prêtres. On le trouvait toujours prêt à accepter ces tâches difficiles. Chemin faisant, il récitait son chapelet, puis se présentait avec confiance. La vue seule de ce prêtre vénérable en imposait à ces hommes revêches ; ils devenaient doux comme des agneaux, et finissaient toujours par recevoir les secours religieux et par mourir chrétiennement. Il est sans exemple qu'un seul lui ait résisté, tant les bénédictions que Dieu répandait sur son ministère étaient abondantes et efficaces.

D'autres fois, il préparait ces conversion de loin, et attendait pour les achever le moment marqué par la miséricorde divine. C'est ainsi qu'il agit à l'égard du fameux P. M., dont nous avons déjà parlé. Il le savait retiré dans un coin de la pa-

roisse ; loin de le fuir et de lui témoigner
de l'horreur, comme le faisaient la plupart
des habitants, M. Orain affectait, au contraire, une extrême bienveillance à son
égard. Plus d'une fois, il lui rendit service,
notamment à l'occasion de son second
mariage : il l'aida à le contracter, et voulut
le célébrer lui-même. Le bon curé semblait
avoir une prédilection marquée pour ce
malheureux. Quelqu'un lui en faisant l'observation et lui rappelant que, tant de fois,
cet homme avait cherché à lui ôter la vie.
— « Oui, répondit-il, il m'a fait cet honneur,
mais je ne dois pas lui en vouloir ; c'est,
au contraire, un motif pour moi de lui
faire du bien. » Une si admirable charité ne fut point perdue. Nous savons déjà
que P. M. étant tombé malade, M. Orain
alla le voir et devint le dépositaire des
secrets de sa conscience. P. M. ne succomba
pas cette fois, mais, plus tard, ayant été
atteint de la maladie dont il mourut, et
M. Orain étant absent, il reçut volontiers la
visite d'un autre prêtre, qui lui donna les
derniers secours de la religion.

En parcourant les villages où se trouvaient des malades, M. Orain visitait également les autres habitants. Il entrait chez
eux, les saluait, et son œil exercé avait

bientôt vu ce qu'il avait de mieux à faire pour le bien de ses hôtes. Tantôt c'étaient des encouragements qu'il leur donnait pour la bonne tenue de leurs enfants et de leur ménage ; d'autres fois, do petits avis qu'il savait amener si à propos que, loin de s'en offenser, ces braves gens lui soumettaient eux-mêmes leurs difficultés et provoquaient ses conseils. Ils profitaient aussi de sa présence pour le prier de bénir leurs maisons, leurs troupeaux, leurs récoltes et les objets de piété dont ils voulaient orner leurs demeures. Le saint prêtre se prêtait de bonne grâce à tous ces actes de la piété chrétienne, et il quittait ces bonnes gens heureux et satisfaits. Désireux de multiplier le bien sous ses pas, il visitait de la même manière, si le temps le lui permettait, les autres villages qu'il rencontrait sur sa route ; il n'était pas de maison si écartée et de si chétive chaumière, qu'il n'honorât ainsi de sa présence ; celles des pauvres, surtout, avaient le privilége de l'attirer de préférence.

Lorsqu'il rencontrait des cultivateurs dans leurs champs, il les abordait avec la même bienveillance. Souvent aussi, ceux-ci suspendaient leurs travaux et venaient eux-mêmes le saluer. Il s'informait d'eux, de leurs moissons, de leurs craintes et de

leurs espérances, et il tirait de là le petit
mot d'édification qu'il ne manquait jamais
de leur laisser. Si l'année était abondante :
— « Voyez, leur disait-il, comme le bon
Dieu vous aime ! Il ne faut pas oublier
de le remercier. » Si, au contraire, elle
était stérile : — « Mes amis, le bon Dieu
est fâché contre nous ; il faut le servir
mieux ; une autre année sera meilleure. »

Mais il aimait particulièrement les enfants qui, de leur côté, se hâtaient d'accourir vers lui dès qu'ils l'apercevaient venir.
Il leur parlait avec douceur, leur faisait
faire le signe de la croix, réciter leurs
prières ou le catéchisme; puis, tirant de
son petit sac de cuir des images, des
chapelets ou d'autres objets de piété, il les
donnait en récompense à ceux qui lui
avaient fait les meilleures réponses : après
quoi, venait la petite morale : — « Mes
enfants, ne soyez pas méchants, car le bon
Dieu vous voit et vous entend ; — ne déso-
béissez pas à vos parents et ne les mettez
pas en impatience ; le bon Dieu ne vous
aimerait pas. » Tout, en lui, était instructif
et édifiant, jusqu'à son grand bâton, à la
poignée duquel il avait sculpté, soit la figure
d'un ange, soit celle d'un saint. Les enfants,
naturellement curieux, demandaient à le

voir : — « C'est l'image d'un ange, leur disait-il, tel que le bon Dieu en a au ciel et qu'est votre ange-gardien : ne faites pas le mal devant lui. — Ceci est l'image d'un saint qui fut autrefois un bon petit enfant, et qui est maintenant au ciel. Si vous voulez y aller avec lui, soyez sages et pieux comme lui. »

S'il rencontrait des enfants gardant leurs troupeaux, il leur recommandait de ne les point laisser faire dommage aux voisins ; — « parce que, disait-il, le père et la mère gronderaient, et le bon Dieu le défend. » Il n'aimait pas voir les petites filles mêlées aux petits garçons dans les jeux, ou écartées avec eux dans les champs : — « N'allez point avec eux, disait-il, aux premières, ils sont méchants ; il vous feraient du mal. — En gardant vos troupeaux, il faut travailler et prier ; le bon Dieu n'aime pas les paresseux. » S'il remarquait qu'une petite fille eut ses vêtements en désordre ou déchirés : — « Voilà, mon enfant, ajoutait-il encore, ce qui ne convient pas, si tu n'as pas d'épingles ou d'aiguilles pour attacher et réparer les habits, en voici. » Il donnait en même temps des écheveaux de fil, des lacets, de ces petits mouchoirs dont les personnes du sexe se servent, dans ces contrées, pour

s'entourer le cou et se couvrir les épaules.
Le petit sac de cuir contenait tous ces
objets ; il en était comme une source intarissable. Prudence admirable du pasteur !
qui savait d'ailleurs distribuer toutes ces
choses avec tant de simplicité et de délicatesse que les enfants y voyaient seulement de
petits cadeaux - dont ils étaient heureux,
et les parents une leçon bienveillante dont
ils tiraient profit.

Cette manière de faire sa tournée paroissiale était ce que le bon prêtre appelait, dans son langage, *faire la chasse au
péché mortel*. Il était, d'ailleurs, d'une
discrétion exemplaire sur tous ces faits et
n'en rendait jamais compte sans nécessité.
Lorsque ses écoliers, ou même ses confrères, le voyaient revenir de ses courses,
et lui demandaient d'où il venait et ce qui
lui était arrivé, il se bornait à répondre :
Je viens de faire la chasse au péché mortel.

Cette chasse, cependant, n'était pas toujours aussi simple et aussi facile que dans
les cas précédents. Elle eut plusieurs fois
pour objet les veillées et les danses nocturnes dont nous avons déjà parlé et qui
s'efforçaient de reparaître tantôt sur un
point de la paroisse, tantôt sur un autre.

Ces tentatives ne cessaient de tenir le pasteur en éveil. Il multipliait alors ses promenades du soir, les prolongeait dans la nuit, et les dirigeait vers les lieux suspects. Il était rare qu'il ne parvint pas à les découvrir et à savoir quels en étaient les principaux instigateurs. Alors, il prévenait les parents qui, souvent, ignoraient ces désordres et étaient fort surpris de les apprendre par M. le recteur. Si l'intervention des parents ne suffisait pas, il s'adressait aux membres de ces réunions, sur lesquels il espérait avoir quelque influence; s'il ne réussissait pas encore, il parlait du haut de la chaire et, plus d'une fois, en désespoir de cause, il se chargea lui-même de porter directement remède au désordre. On cite, comme exemple, deux faits de ce genre qui se passèrent l'un, dans une grange isolée, où une jeunesse inconsidérée se donnait rendez-vous, et l'autre, au bourg même, où elle avait loué, à cet effet, une maison inhabitée. Dans l'un et l'autre cas, ils ne purent tromper la vigilance du pasteur qui, surprenant celle des sentinelles que l'on avait apostées, parut subitement au milieu de la danse et, s'armant de son mouchoir, comme d'un fouet, à l'exemple du Sauveur, fustigea les délinquants qui, honteux et éperdus, prirent la fuite et, en un clin-d'œil, laissèrent la place vide.

Il faut dire que ce zèle parut excessif à quelques-uns et provoqua des récriminations et des menaces de la part des jeunes gens compromis. Mais le saint pasteur s'en mit peu en peine. L'ascendant de son autorité et de sa vertu lui faisait, dans ces circonstances, une position exceptionnelle, et la gravité du mal qui menaçait de détruire la moralité de toute sa paroisse justifiait assez le parti que cet homme de Dieu avait cru devoir prendre de ne point s'arrêter devant des considérations humaines. Le résultat, du reste, vint prouver, cette fois encore, qu'il avait agi par l'esprit de Dieu, car les parents furent les premiers à venir le remercier du service qu'il avait rendu à leurs enfants, et de l'exemple de vigilance qu'il leur avait donné à eux-mêmes. Les jeunes gens n'osèrent plus recommencer leurs scandales, par crainte de nouvelle mésaventure et tous reconnaissant, en secret du moins, que le saint pasteur ne voulait que le bien véritable de ses paroissiens, conçurent pour lui un surcroît de vénération et d'estime.

On savait, d'ailleurs, que ces expéditions

lui coûtaient beaucoup plus à lui-même qu'à ceux qui en étaient l'objet, et qu'il les dirigeait bien plus contre le péché que contre les pécheurs. Il était, en effet, toujours disposé à recevoir ceux-ci avec la même tendresse, et il en donna, dans ces temps mêmes, plusieurs preuves. Rencontrant, un jour, un de ses anciens élèves qui, malgré tous ses soins, avait donné dans le travers, loin de le réprimander avec aigreur et de le repousser : — « Mon en-enfant, lui dit-il, comment va la santé ?... et la conduite ?..., Tu sais combien je t'ai aimé ; je t'aime encore malgré tes écarts, et je t'aimerais bien davantage si tu voulais changer de conduite.... » Tout cela était dit avec tant de commisération et de charité que le coupable versait des larmes. — « Pauvre enfant, ajouta-t-il, en se tournant vers le témoin qui rapporte ce fait, il est bien malheureux ! prions pour lui. » Ayant su qu'une famille très-chrétienne, d'ailleurs, mais impliquée, nous ne savons comment, dans la question de ces danses, s'en était offensée, il alla lui faire visite et lui parla avec tant de raison et de bonté qu'il n'eut pas de peine à l'apaiser. A quelque temps de là, il fut invité par elle à dîner et, afin de lui témoigner qu'elle n'avait rien perdu de son estime et de sa confiance, il se fit accompagner de quelques-uns de ses jeunes clercs qu'il aimait le plus, et il se montra si plein de cordialité et d'abandon, qu'il poussa la complaisance jusqu'à accepter une partie de volant, avec l'enfant de la maison, chose que peut-être il n'avait jamais faite de sa vie.

Sa bienveillance était extrême; le fait suivant en sera une dernière preuve; il fera connaître, en même temps, en quel estime il était près de l'un de ses paroissiens les plus éminents, et le jugement qu'en portait ce personnage, fort capable d'apprécier les hommes. M. D... habitait son château de F...; il y dînait en compagnie de plusieurs de ses amis; c'était un vendredi, et, malheureusement, la table était servie d'aliments gras. On annonce M. le curé de Derval; aussitôt M. D... ordonne de fermer la porte du salon et, pendant qu'on semble faire effort pour l'ouvrir, il fait disparaître tous les mets suspects, après quoi on introduit le respectable visiteur. Celui-ci avait tout vu; mais il n'en laissa rien paraître et se borna à dire, en voyant la maigre apparence de la table : — « Messieurs, je vous félicite de la fidélité avec laquelle vous observez l'abstinence; vous êtes bien plus rigoureux que moi ; vous ne vivez que de fruits secs et de fromage, et moi je me sers de très-bon légumes ; » puis il se mit à entretenir M. D... de l'objet de sa visite et quitta poliment ces hôtes. Après son départ, quelques-uns des convives se permirent de plaisanter le malencontreux curé de campagne ; mais M. D... prenant la parole : — « Messieurs, dit-il, ne parlez pas mal de mon respectable curé , vous me seriez désagréables. Je l'aime , je l'estime , je le vénère : c'est un saint. »

Mais nous sommes loin encore d'avoir fait connaître toute l'étendue du zèle que déployait cet admirable prêtre. Outre Derval, avons-nous déjà dit, il desservai plusieurs autres paroisses. Ce furent d'abord Lusanger et Mouais, qui ne purent être pourvues de pasteurs à la première organisation du clergé ; puis Pierric, Conquereuil, Jans, Saint-Vincent-des-Landes et Louisfert, qui furent tour-à-tour privées des leurs, par la maladie ou la mort. Pendant les longues et nombreuses vacances de ces cures, M. Orain considérait les populations comme faisant partie de son propre troupeau et il les visitait souvent, malgré leur éloignement et les difficultés des temps et des lieux. Mouais, par exemple, était séparé de Derval par une rivière, dont le passage offrait de nombreux obstacles, surtout en hiver. Mais rien n'arrêtait cet homme apostolique.

Quand il était appelé dans l'une de ces paroisses, ou qu'il se disposait de lui-même à la visiter, il avait coutume d'en faire prévenir les fidèles, qui se réunissaient à l'église en aussi grand nombre que possible. Y étant arrivé, il commençait par les prêcher, afin, disait-il, de réveiller la foi dans leurs âmes et d'y ranimer le feu sacré de l'amour de Dieu. Puis il confessait ceux qui se présentaient au tribunal de la pénitence, il baptisait les enfants qu'on lui apportait, traitait les questions de mariage et préparait les époux à la réception du sacrement. Il résolvait les difficultés ; visitait les malades ; encourageait et consolait tous ceux qui souffraient ; après quoi il revenait promptement dans sa paroisse. Mais afin qu'on y sentît moins son absence, il partait ordinairement après son dîner, passait toute la soirée et une partie de la nuit à faire sa visite, et, souvent, ne rentrait à Derval que le lendemain, à l'heure où ses occupations matinales le rappelaient à l'église.

Il distribuait différemment son temps, lorsqu'il s'agissait d'une autre œuvre à laquelle il se devoua non moins activement ;

nous voulons parler de celle des Quarante-
Heures, des Retraites et des Missions qui
s'établirent dans toute la contrée, comme à
Derval. On connaissait tellement l'aptitude
de M. Orain à ces exercices, et les bénédictions que Dieu répandait sur son ministère,
qu'on ne manquait jamais de l'y inviter ; et
comme il ne savait que se dépenser pour
la gloire de Dieu et le salut des âmes, il ne
s'y refusait jamais. Nous ne saurions dire
les noms de toutes les paroisses qu'il évan-
gélisa ainsi, non plus que le nombre de
fois qu'il y retourna travailler à la même
œuvre. Nous voyons seulement par quelques
indications écrites en tête de ses sermons,
qu'il ne passa presque pas d'année sans assister aux Quarante-Heures de Fougeray ; à
plus forte raison prenait-il part aux retraites
et aux missions qui s'y donnaient. Nous le
voyons apparaître également et fréquemment, dans ces mêmes circonstances, à
Guémené-Penfao, à Sion, à Rougé, à Nozay,
à Fégréac, et nous le retrouvons, non sans
admiration, jusqu'à Châteaubriant et à
Moisdon ; à Cambon et à Pontchâteau ; à
Sainte-Anne, à Brains et à Redon, dans
l'Ille-et-Vilaine. Cette dernière ville eut
l'avantage de le posséder fréquemment,
à cause d'une maison spéciale où se don-

naient des retraites plusieurs fois l'année, et par un autre motif encore que nous indiquerons bientôt.

Comment donc cet homme apostolique pouvait-il suffire à tant d'œuvres et de courses, et cela, sans que le service de sa paroisse en souffrît ? C'était son secret. On ne le devinerait assurément pas ; le voici. Comme ces retraites commençaient ordinairement le dimanche soir, il en laissait faire l'ouverture par les prêtres du lieu ou par quelque prédicateur appelé à cet effet. Pour lui, il restait à Derval à confesser, suivant son habitude, jusqu'à la nuit. Quand on lui demandait pourquoi il n'interrompait pas son travail afin de hâter son départ : —« C'est, répondait-il, qu'il convient de faire son ouvrage avant de s'occuper de celui des autres. » Son ouvrage fini, il rentrait à sa cure, prenait un léger repas et faisait ses préparatifs de voyage, qui n'étaient pas longs. Ils consistaient à prendre son bâton, son petit sac de cuir, dans lequel il plaçait, outre les objets habituels, son bréviaire et ses sermons; il suspendait ensuite une petite lanterne à son cou, appelait son fidèle *Mentor*, beau chien de garde qu'il avait dressé pour ces courses, et ainsi équipé et accompagné, il se mettait en route, ayant devant lui quatre, six, huit lieues et quelquefois plus à parcourir à pied, car il ne se servait jamais de montures, par la raison, disait-il, que Dieu ne lui avait pas donné une bonne paire de jambes pour qu'il les laissât oisives.

Chemin faisant, il récitait son bréviaire, à la lueur de sa lanterne, ou relisait ses sermons et les préparait en les enrichissant de développements appropriés aux circonstances ; puis il récitait des chapelets, ou bien il laissait son esprit aller à la contemplation des beaux spectacles de la nuit et de l'aurore. L'âme du saint prêtre était sensible au-delà de ce qu'on peut dire à ces grandes scènes de la nature qu'il s'était accoutumé à méditer, et dans lesquelles il se plaisait à retrouver et à bénir son Créateur. Son cœur s'épanchait alors en lui par de délicieux entretiens et par d'ardentes prières. Il priait particulièrement pour les âmes qu'il allait évangéliser et dont il attendait la conversion de Dieu seul. Car il était intimement pénétré de son impuissance personnelle, et ce n'était jamais sans être rentré profondément dans son néant qu'il mettait la main à l'œuvre de ces retraites et de ces missions. Il s'en exprimait dans les termes suivants, en écrivant à l'un de ses

cousins, qui se disposait au sacerdoce:
« Après avoir fait une mission dans ma pa-
» roisse, le mois dernier, M. Chaussée, curé
» de Lusanger, désire que nous allions en
» commencer une dans la sienne, la semaine
» prochaine. Je ne sais pas comment nous
» pourrons nous en tirer. Il n'y a que Dieu
» qui puisse donner un heureux succès à
» nos faibles efforts : car sans lui, nous
» serons comme *un airain sonore et des cim-*
» *bales retentissant en vain* (I. Cor. XIII, 1).
» Nous te demandons d'unir tes prières
» aux nôtres, afin que le Seigneur veuille
» bien nous aider à faire dignement son
» œuvre; car *si Dieu ne bâtit lui-même*
» *l'édifice, c'est en vain que ceux qui l'élèvent*
» *travaillent* (Ps. CXXVI, 1). »

Or, voici comment cet humble ouvrier
qui, à son avis, ne savait comment s'y
prendre, s'y prenait en réalité. Nous ne
faisons que citer les rapports de plusieurs
prêtres témoins de ses travaux. Arrivé au
point du jour à sa destination, il entrait au
presbytère, non pour s'y reposer, au moins
quelques heures, des fatigues inséparables
d'un long voyage de nuit; mais uniquement
pour y déposer son bâton et avertir de sa
présence. De là, il se rendait sans différer
au confessionnal, où l'attendaient déjà de
nombreux pénitents, certains qu'ils étaient

qu'il ne manquerait pas de venir. Il n'en
sortait plus que pour offrir le saint Sacrifice, réciter son bréviaire, prêcher à son
tour et, même, plus souvent, et prendre son
repas du milieu du jour : encore était-il
dans l'habitude de ne paraître dans la salle
à manger qu'au milieu du dîner, et de se
retirer avant qu'il fut fini. Ses confrères,
qui connaissaient son habitude et qui le
savaient assiégé d'occupations, étaient loin
de s'en offenser, et avaient soin de lui
réserver sa place et son couvert. M. Orain,
d'ailleurs, n'affectait aucune singularité. Il
ne voulait ni qu'on se levât à son approche,
ni qu'on se dérangeât d'aucune manière.
Il se servait les mets qui se trouvaient
sous sa main, prenait la conversation au
point où elle était rendue, et s'y mêlait
avec intérêt. Si elle tombait sur un sujet
important en lui-même ou par rapport à
la retraite, ce qui arrivait assez souvent, il
y assistait jusqu'à ce que les questions fussent épuisées, donnant son avis et écoutant
attentivement celui des autres. Autrement,
il se retirait sans aucune marque d'empressement et avec politesse, et ne cessait
point d'être considéré de tous comme le
confrère le plus aimable et le moins gênant
qui pût se rencontrer.

De retour à la sacristie, où il trouvait

une foule de personnes qui venaient le consulter, soit pour des affaires de conscience, soit même pour des affaires temporelles, il les recevait toutes avec bonté, les écoutait autant qu'il le fallait pour s'éclairer, puis il les expédiait par des réponses courtes et précises, ce qui lui permettait d'en recevoir un plus grand nombre. Si, cependant, quelques-uns de ces braves gens paraissaient ne pas l'avoir suffisamment compris, il leur donnait des explications plus étendues, sans témoigner ni précipitation ni impatience : mais s'il avait affaire à des femmes, et que celles-ci parussent vouloir continuer la conversation, sans objet sérieux, il les interrompait par ces paroles dont elles comprenaient parfaitement le sens : — « Cela suffit : allez maintenant à l'église dire au bon Dieu que vous êtes sa fille. »

Le saint prêtre passait le reste du jour au confessionnal, excepté le temps qu'il consacrait aux exercices publics de la retraite. Le soir, il ne paraissait pas au souper. On ne l'y attendait pas, sachant qu'il avait coutume de ne quitter l'église qu'après avoir entendu ses pénitents jusqu'au dernier. Mais combien souvent sa charité ne l'entraîna-t-elle pas à y passer la nuit entière ?

Ceux de ses confrères qui le voyaient pour la première fois dans ses travaux ne savaient comment se les expliquer, et pouvaient à peine y croire. On rapporte qu'un M. Lacoudre, nouvellement arrivé à Fougeray, en qualité de vicaire, voulut un jour constater ces faits et s'en rendre compte en essayant d'imiter le genre de vie du zélé prêtre. C'est pourquoi il entra au confessionnal, avec lui, à cinq heures du matin. A onze heures, l'ayant vu en sortir pour célébrer la sainte messe, il en fit autant, et puis, il retourna, comme lui, au confessionnal jusqu'à deux heures de l'après-midi. Il le suivit alors au presbytère, pour prendre, à son exemple, un premier et mince repas ; après quoi, ils retournèrent l'un et l'autre à l'église et rentrèrent bientôt au confessionnal, où ils demeurèrent jusqu'à onze heures de la nuit. En ce moment, M. Lacoudre qui sentait déjà ses forces faiblir, voulut s'assurer des dispositions de M. Orain, et alla heurter à son confessionnal et lui demander s'il ne voulait point prendre quelque nourriture. M. Orain le remercia de son offre et continua de confesser. A deux heures de la nuit, le vicaire revint à la charge et reçut la même réponse. A cinq heures du matin, semblable ins-

tance et résultat analogue. A onze heures,
M. Orain va, comme la veille, à l'autel, offrir
le saint Sacrifice, après lequel... il retourne
au confessional et il n'en sort qu'à deux heures de l'après-midi pour prendre à peu près
la même quantité de nourriture que la
veille. M. Lacoudre, quoique jeune et doué
d'une constitution robuste, ne jugea pas à
propos de pousser plus loin l'expérience ;
mais, à dater de ce jour, il se prit, pour
M. Orain, d'une vénération et d'un attachement qui ne firent que croître encore avec
le temps. Devenu curé de Saint-Servan, au
diocèse de Rennes, il se plaisait à raconter
ce trait d'histoire, et à rendre hommage
aux vertus héroïques du saint prêtre.

On peut croire que l'habitude de ces fatigues extraordinaires, contractée par ce
saint homme, pendant la Révolution, et
qu'il avait pris soin d'entretenir à Derval,
explique, jusqu'à un certain point, cette
force de résistance que ne trouvaient pas
en eux des sujets plus vigoureux que lui ;
mais on ne peut néanmoins, disconvenir,
qu'il ne dût point arriver à dompter ainsi
les instincts les plus impérieux de la nature,
sans une lutte longue et opiniâtre contre
lui-même, et sans une de ces grâces spéciales, qui ne sont ordinairement accordées
qu'aux saints.

A la fin de la retraite, qui arrivait presque toujours le samedi, M. Orain redoublait d'assiduité au confessionnal, afin de terminer les affaires de conscience de ses pénitents, et il disposait son temps de manière à revenir à Derval, le lendemain, pour y célébrer la sainte messe et les saints offices. C'était donc encore pendant la nuit qu'il opérait son retour dans sa paroisse, ajoutant cette fatigue à toutes les autres et les couronnant par ses travaux du dimanche. Nous ne disons pas assez, car, si la mission qu'il avait quittée durait plusieurs semaines, il ne balançait pas à y retourner dès la nuit suivante, après avoir rempli tous ses devoirs de pasteur à Derval. Ceci arriva notamment dans une mission qui eut lieu à Cambon et qui dura sept semaines consécutives. Chaque samedi soir, l'héroïque prêtre partait de Cambon et reparaissait le dimanche matin à Derval; et, chaque dimanche soir, il quittait Derval et se retrouvait le lundi matin à la mission de Cambon. Enfin, il revenait encore à Derval lorsqu'il y était appelé pour des malades pressés, et c'était, autant que possible, la nuit qu'il faisait ces courses, afin que les âmes n'en souffrissent pas, et qu'il n'y eût que lui à en pâtir. On a dit, il est vrai, et c'est une opinion très-accréditée, que M. Orain fut très-rarement obligé de revenir de ses missions à Derval, pour administrer des malades ou baptiser des enfants en danger de mort, et que Dieu veillait lui-même à ce que ces cas ne se présentassent pas, pendant que le zélé missionnaire était occupé ailleurs au salut des âmes. Ce qui est certain, c'est que M. Orain avait cette confiance dans la Providence et qu'il la manifestait volontiers. C'est aussi qu'on n'a pas souvenir qu'un seul malade, ni un seul nouveau-né soient morts à Derval, sans avoir reçu les sacrements d'extrême-onction ou de baptême, par suite des absences du pasteur.

Enfin, il faut reconnaître que cette divine Providence, en qui il avait toujours eu une si entière confiance et qui l'avait si souvent et si manifestement protégé pendant la Révolution, continua de veiller encore à sa conservation, à Derval, en diverses rencontres et d'une manière non moins visible. Nous rapporterons les deux faits suivants, entre autres : — Une année, au cœur de l'hiver et par une nuit pluvieuse et sombre, il revenait d'une de ses longues pérégrinations. Sa lanterne s'était éteinte et les ténèbres étaient si épaisses que, quoiqu'il connût mieux que personne tous les chemins du pays, il perdit si complétement sa route, qu'il lui fut impossible de la reconnaître. Arrivé en un certain endroit, il éprouve je ne sais quel sentiment d'hésitation et d'effroi qui l'empêche d'avancer. Dans cette perplexité, il s'arrête, s'assied sur une petite butte de terre, qui était à ses pieds, et se met à réciter son chapelet, en invoquant le secours de la très-sainte Vierge. En ce moment, la pensée lui vient de se confier, après Dieu, à son chien fidèle. Il l'appelle, le fait marcher devant lui et le suit de près. Mais à peine eut-il marché un quart-d'heure, qu'il reconnut enfin le lieu où il se trouvait : C'étaient d'affreux abîmes, formés par d'anciennes carrières abandonnées, et dans lesquelles il se serait jeté s'il ne se fût arrêté à temps. Le sentier qu'il avait parcouru, à la suite de son chien, était si étroit que le moindre faux pas, le moindre éboulement eût pu le faire glisser dans le précipice, où il eut infailliblement perdu la vie. Reconnaissant là un nouveau trait de la protection divine à son égard, il se prosterna, rendit grâces à Dieu, reprit son chapelet, et revint, en le récitant, jusqu'à Derval.

Le second fait se produisit dans une occasion analogue, mais avec des circonstances différentes. Il s'était attardé au milieu de la nuit, loin de son bourg, lorsqu'il fut rencontré par un homme mal famé, qui lui demanda de l'argent. Il s'excusa d'abord sur ce qu'il n'en avait pas, ce qui était vrai; mais comme cet homme insistait avec menace : — « Mon ami, lui dit le prêtre avec douceur, je ne puis vous donner ma bourse, puisque je n'en ai pas ; mais je ne puis, non plus, vous laisser ma vie qui ne m'appartient pas ; prenez donc garde, car je ne suis pas seul. » Ces paroles ne firent qu'irriter le malfaiteur, qui s'apprêtait à passer aux voies de fait, lorsque M. Orain fit de nouveau appel à son fidèle *Mentor*, qui d'un bond se précipite sur l'agresseur, lui fait plusieurs blessures et le met en fuite. Le lendemain, une femme éplorée se présentait au presbytère, et priait M. Orain de lui donner un remède pour son mari qui, disait-elle, avait été mordu pendant la nuit par un chien enragé. — « Ne craignez rien, ma bonne femme, lui répondit le charitable prêtre, ce n'est point un chien enragé auquel votre mari a eu affaire, j'en suis sûr. Dans tous les cas, prenez ce remède, bandez sa plaie, et je vous promets que bientôt il sera guéri. » En effet, le malade se rétablit promptement, grâce aux médicaments qui lui venaient du presbytère, mais il se garda bien de faire connaître le secret de son aventure. De son côté, M. Orain eut la charité de n'en rien dire qu'à sa nièce qu'il chargeait de sa pharmacie, et il lui défendit d'en parler. Malgré cela, l'événement finit par transpirer et par être connu de toute la paroisse, où il n'a cessé d'être raconté et où nous l'avons recueilli nous-même.

Indépendamment des missions auxquelles le zélé prêtre prenait une part si active, il acceptait encore toutes les prédications de circonstance que lui proposaient ses confrères, telles que premières communions, fêtes patronales et autres solennités paroissiales; et comme on tenait à honneur d'avoir pour prédicateur le respectable curé de Derval, il en résulta pour lui un surcroît de travail d'autant plus grand, qu'il n'eut pas cru répondre à l'attente des pasteurs et des peuples qui l'appelaient, s'il se fut borné à disposer d'une manière quelconque ses sermons ordinaires pour ces circonstances exceptionnelles. Il se croyait obligé de donner aussi des sermons spéciaux, et nous voyons par ceux qui nous restent de lui, qu'il fut fidèle à cette méthode. Il est peu de paroisses dans la contrée où s'exerçait son zèle, qui n'aient eu l'avantage de l'entendre plusieurs fois dans de semblables circonstances. Nous n'en citerons que quelques-unes, à cause de l'objet plus spécial qu'eurent ses prédications, et du prix que les populations doivent attacher à ces souvenirs. Il prêcha à Sion, en 1818, la bénédiction du Maître-Autel, et, en 1823, celle d'une cloche. A Fégréac, en 1818, l'installation du nouveau curé. A Cambon, une première communion, qui y a laissé de profonds souvenirs. A Massérac, une fête très-solennelle de saint Benoit, patron du lieu, et pour laquelle il composa un cantique. A Guémené-Penfao, en 1822, la translation des reliques de saint Georges. A Nozay, la même année, la bénédiction du Cimetière. A Châteaubriant, la même année encore, une très-belle cérémonie de première communion. A Marsac, en 1824, la bénédiction des Autels, et, à Rougé, une magnifique plantation de Croix.....

Nous avons dit qu'une œuvre différente des retraites appelait fréquemment M. Orain à Redon. Nous voulons parler du collége qu'y fondèrent alors deux ecclésiastiques respectacles, MM. Lardoux et Criaud, et dont il espéraient tirer grand profit pour la religion. Le zèle du curé de Derval pour l'instruction de la jeunesse, et, en particulier, pour la formation des prêtres, ne

pouvait le laisser indifférent à l'entreprise
de ces deux hommes dévoués, et avec
lesquels il était lié d'amitié. C'est pourquoi,
non content de leur envoyer des élèves, il
les visitait de temps en temps, les encoura
geait, les conseillait ; quelquefois même il
leur prêtait un concours plus direct. Enfant
de huit à dix ans, nous faisions alors nos
débuts dans ce collége, et il nous souvient
encore d'une intéressante tragédie (*le
martyre de saint Agapit*), qui y fut jouée,
lors d'une distribution de prix, et de très-
beaux compliments qui furent faits au
respectable supérieur de l'établissement.
Nous ne soupçonnions pas alors à qui nous
devions la joie de ces scènes récréatives.
Quelle n'a donc pas été notre surprise,
lorsqu'en parcourant les manuscrits de
M. Orain, nous y avons retrouvé ces mêmes
compliments et ce même drame, écrits en
entier de sa main, et disposés pour cette
fête de collége ! Cette rencontre nous a fait
comprendre mieux encore jusqu'où s'étendait le zèle du saint prêtre. C'était ce même
zèle qui l'avait mis en rapport avec d'autres
ecclésiastiques respectables et occupés des
mêmes œuvres. Nous citerons entre autres
M. Courtais, curé de Moisdon, auquel il
emprunta ses cours de Philosophie et de

Théologie pour instruire ses propres clercs :
M. Delsart, supérieur du petit Séminaire de
Nantes, avec lequel il était étroitement lié,
et dont il fit l'oraison funèbre à l'anniversaire
de sa mort. Enfin, M. Lebedesque, curé de
Chavagne et fondateur du petit Séminaire
de cette ville. M. Orain et M. Le Bedesque
s'étaient connus avant la Révolution ; l'un
et l'autre étaient restés dans le pays pendant la tourmente et y avaient confessé la
foi. Avec quel bonheur ne se retrouvèrent-
ils pas, au retour de la paix ? Un petit
cousin de M. Orain, élevé au petit Séminaire de Chavagne, leur en fournit l'occasion. Le hasard nous a mis sous la main les
deux lettres que s'écrivirent ces deux
vénérables prêtres, en cette circonstance :
on les lira avec plaisir. La première est de
M. Lebedesque.

« Monsieur et bien vénérable ami,

» J'ai éprouvé une grande satisfaction en
apprenant, par M. Mazan, de vos chères
nouvelles. Je suis très-flatté d'avoir place
dans votre souvenir. Ma joie serait complète, si la divine Providence me procurait
la satisfaction de me transporter dans vos
contrées. Ce serait peut-être téméraire de
vous proposer de venir visiter notre Sémi-

naire : je le désire pourtant ardemment.
Cela me procurerait le doux avantage de
vous embrasser et de vous réitérer, de vive
voix les sentiments du plus respectueux
attachement que je vous ai voué depuis
longues années, et avec lesquels j'ai l'honneur d'être, Monsieur et bien sincère ami,

» LE BEDESQUE,

» *Desservant de Chavagne.* »

M. Orain répondit :

« J'ai reçu votre aimable lettre, qui m'a
appris que j'avais encore dans ce monde
un véritable et sincère ami, que je présu-
mais avoir été sacrifié, comme bien d'autres,
pendant la Révolution. Vous n'y auriez sans
doute pas perdu de votre côté, car vous
n'auriez fait que changer cette vallée de
larmes et de crimes pour le séjour d'une
éternelle félicité. Mais il n'en eût pas été
ainsi de vos amis et de ceux qui ont l'avantage de vous connaître. Les fidèles surtout
qui, maintenant, ont si grand besoin de
saints pasteurs, auraient fait une perte
irréparable. Je me réjouis donc avec les
bonnes âmes, qui ont le bonheur de vous
posséder, de ce que le Seigneur vous a
conservé, malgré les orages qui ont si
horriblement ravagé notre pays. Pour moi,

je n'ai pas été exposé à d'aussi grands dangers que vous. La contrée que j'habitais a moins souffert que la vôtre de la Révolution ; il m'a suffi de partager quelquefois la douce vie des lièvres, pour échapper à ceux qui avaient si bonne envie de me donner un passeport pour l'éternité.

» Je vous félicite de ce que vous avez pu former un petit Séminaire ; il est bien à désirer qu'il devienne plus nombreux. Mais s'il est important d'avoir des prêtres, il l'est bien plus encore d'en avoir de véritablement vertueux.

» Je suis heureux de voir mon petit cousin près de vous et sous votre direction ; ne lui refusez pas vos avis, je vous en prie, quand vous verrez qu'ils lui seront nécessaires. J'ai beaucoup de jeunes gens auxquels je voudrais voir le même avantage ; le malheur des temps ne le permet pas ; ils resteront près de moi, et je ferai pour eux du mieux qu'il me sera possible. Priez Dieu qu'il me vienne en aide, et recevez, mon bien cher et respectable ami, l'assurance du vif et sincère attachement avec lequel j'ai l'honneur d'être , en Jésus-Christ, votre bien affectionné.

» G. ORAIN, *recteur de Derval.* »

On remarquera aisément, dans cette lettre, entre autres choses, le tact exquis avec lequel l'humble prêtre sait s'amoindrir en présence de son ami et, néanmoins lui suggérer la direction qu'il désirait voir prendre à l'œuvre de son petit Séminaire.

M. Orain aimait tendrement tous ses confrères ; il les recevait avec bonheur à sa cure ; les visitait de temps en temps chez eux ; correspondait avec un grand nombre, les aidait de ses conseils et de ses démarches. Il était heureux, quand il pouvait réussir à aplanir les difficultés qu'ils rencontraient. Mais il avait une affection et une sollicitude toutes particulières pour ceux qui lui confiaient la direction de leur conscience. Ceci parut en particulier dans une circonstance mémorable, rapportée par un de ses élèves qui fut témoin des faits.

« M. Brégé, dit-il, curé de Sion, avait été atteint d'une maladie grave, qui prit tout-à-coup des caractères fort alarmants. Son vicaire écrivit aussitôt à M. Orain pour lui faire connaître son état et le prier de venir. Celui-ci relevait lui-même d'une grave maladie, qui l'avait conduit aux portes du tombeau. C'était le dimanche, et le concours de ces circonstances fit penser aux personnes qui étaient chargées de la lettre, qu'elles feraient bien de ne pas la remettre immédiatement, afin d'épargner au convalescent le surcroît de fatigue que lui occasionnerait cette visite. C'est pourquoi elles ne la lui donnèrent que le soir, après tous les offices finis et fort tard. Le dévoué pasteur fut désolé, il témoigna amèrement son regret qu'on ne l'eût pas averti plus tôt et, sans perdre un seul instant, sans tenir compte d'aucune des considérations par lesquelles on s'efforçait de le retenir jusqu'au lendemain, il prend son bâton et part seul, à pied, pour Sion.

» Je cours, dit le témoin, après ce courageux prêtre, je m'offre de l'accompagner; il me refuse, d'abord, ne voulant pas, disait-il, m'occasionner un voyage pénible et inutile. J'alléguai que cela me ferait plaisir, sachant que c'était le plus sûr moyen de réussir, et il se rendit, en effet, à ce motif. Ce fut fort heureux, car à peine avions-nous fait la moitié du chemin qu'il se trouva mal, il suffoquait. Nous fûmes obligés de nous asseoir sur un tas de pierres; nous étions éloignés des villages, et il ne voulait pas permettre que j'allasse chercher du secours. Heureusement, j'avais sur moi quelques pommes; je lui en proposai une, il accepta avec reconnaissance; ses forces revinrent, et nous pûmes continuer péniblement notre route. Une demi-lieue plus loin la même crise se renouvela ; même remède. Enfin, nous arrivâmes à Sion fort tard. Sans prendre ni repos ni nourriture, il vole auprès du malade, qui était dans les crises de l'agonie ; il l'exhorte et l'entretient paternellement; se met en prières, invite les assistants à en faire autant et demeure à son chevet jusque vers minuit. Alors seulement il consent à prendre un peu de nourriture, et réellement il en avait besoin. Mais à peine était-il au milieu de son repas, qu'on vient le prier de revenir auprès du malade. Il y court aussitôt, et y reste jusqu'à quatre heures du matin. A cette heure, ses occupations le rappelant à Derval, il y revint et remplit, dès le matin, ses fonctions ordinaires. Mais la mort de M. le curé de Sion lui ayant été annoncée, il retourna de nouveau, à pied, dans cette paroisse, fit la sépulture de son confrère, et le soir, fort tard, il eut encore la force et le courage de revenir à Derval.

Parmi les prêtres qu'il affectionna le plus, fut un de ses cousins, M. l'abbé Bocquel, qu'il instruisit chez lui pendant plusieurs années, et auquel il écrivit au grand Séminaire de Nantes et depuis, des lettres aussi

pleines de piété que de sagesse. Malheureusement la plupart ont été perdues. Nous
remarquons, dans le peu qui nous en reste,
cette particularité que, bien que ce cousin
fut beaucoup plus jeune que lui, et qu'il le
tutoyât dès l'enfance, il cessa de le faire à
dater du jour de son élévation au sacerdoce, par respect pour le caractère sacré
dont il était revêtu. — « Mon cher ami, lui
écrivait-il à cette occasion, je vous félicite
bien sincèrement de votre nouvelle dignité,
et je me réjouis avec l'Eglise de voir le nombre de ses ministres augmenté de jeunes lé-
vites, qui vont travailler avec courage à la
vigne du Seigneur. Je vous exhorte, mon
enfant, à mettre votre confiance en notre
bon Maître, mais ensuite à travailler au
saint ministère de toutes vos forces, et
comme si c'était de vos efforts seuls que
devrait dépendre le succès. Dieu aide et
affectionne toujours ceux qui se dévouent
ainsi à son service, et qui cherchent en tout
sa gloire, le salut des âmes et leur propre
sanctification. »

M. l'abbé Bocquel fut fidèle à suivre ce
court mais admirable programme de la vie
sacerdotale. Il eut le bonheur d'en faire
l'essai à Derval même et, depuis, appelé à
diriger diverses paroisses du diocèse, il n'a

cessé d'y rappeler par ses solides vertus, bien plus encore que par le respect dont il l'entoure, la mémoire de son saint parent.

M. Orain aimait tendrement sa famille, mais il l'aimait en Dieu, et ne désirait rien tant que d'en voir tous les membres marcher d'un pas assuré vers le ciel. Il en donna une nouvelle preuve en prenant chez lui deux de ses nièces, demeurées orphelines, et qu'il plaça au couvent des dames Ursulines de Redon, afin qu'elles y reçussent une éducation vraiment chrétienne. « Ma chère enfant, écrivait-il à la plus jeune, nommée Renée, profite de ton séjour dans cette sainte maison pour apprendre toutes sortes de bonnes choses ; mais, par-dessus tout, apprends à aimer et à servir Dieu de tout ton cœur, afin de te rendre digne d'aller un jour au ciel. C'est ce que je désire le plus ardemment pour toi. »

L'aînée, nommée Thérèse, était celle-là même qui, bien jeune encore, avait tenu son modeste ménage pendant la Révolution, dans sa retraite de Villeberte. Après être sortie du couvent et avoir passé quelque temps à Derval, elle se crut appelée à la vie religieuse et pria son oncle de la laisser entrer au noviciat des sœurs de la Sagesse,

à Saint-Laurent-sur-Sèvre. Rien assurément n'eût été plus agréable au saint prêtre,
mais en y réfléchissant devant Dieu, il crut
reconnaître que sa nièce se laissait guider
bien plus par le sentiment que par la raison, et qu'elle cédait plutôt à l'exemple
d'une parente qui avait pris ce parti, qu'à
l'attrait d'une vocation véritable. C'est pourquoi il refusa d'abord de consentir à ses
désirs, et il la fit attendre plusieurs années,
afin que le temps et la réflexion pussent la
mûrir.

Mais comme au bout de ce temps, elle
persistait avec instance, il craignit de s'opposer à la volonté de Dieu, et il conduisit
lui-même sa nièce à Saint-Laurent, et la
recommanda spécialement à M\ :sup:`me` la supérieure, et au prêtre vénérable qui dirigeait
les novices.

Ce qu'il avait prévu arriva : Thérèse reconnut bientôt que la vie religieuse ne res-
semblait pas en réalité à ce qu'elle se l'était
figurée dans ses rêves. Le détachement
qu'elle exigeait d'elle lui fit regretter la liberté et les douceurs dont elle jouissait à
Derval, et elle pria son oncle de la rappeler
près de lui. Mais, cette fois encore, celui-ci
apercevant chez elle beaucoup d'irré-
flexion, et voulant d'ailleurs mettre un terme

à des caprices qui pouvaient se renouveler plus tard, exigea qu'elle subit une épreuve complète, et les lettres qu'il lui écrivit dans ces circonstances, révèlent si bien l'esprit de Dieu dont ce saint prêtre était animé, et la haute sagesse qui le guidait dans la direction des âmes, qu'on nous saura gré d'en citer quelques-unes.

« Je vois, ma chère enfant, lui disait-il, le 5 août 1813, que ton esprit et ton cœur sont souvent à Derval, près de ton oncle. Je te pardonne cette sensibilité, parce que tu n'as pas encore eu le temps de t'accoutumer aux sacrifices qu'il faut faire pour l'amour de Dieu. Souviens-toi, cependant, de ce que je t'ai dit plusieurs fois, qu'il ne faut aimer et chercher, en ce monde, que Dieu seul, ou ses créatures en lui et pour lui. Cette manière d'envisager les choses sera pour toi une grande consolation, car, en ne cherchant que Dieu, tu le trouveras partout et toujours; et tu seras heureuse en tout temps et en tous lieux. Au contraire, en te recherchant toi-même ou les autres pour toi, tu t'exposeras à t'opposer aux desseins de Dieu sur toi, à faire de grandes fautes et à être toujours malheureuse. Comprends bien, par exemple, que ton oncle n'a jamais pu rien faire, et ne fera jamais rien pour toi, que ce que Dieu a voulu et voudra., et que , par conséquent, c'est à Dieu seul que tu dois témoigner ta reconnaissance et t'attacher, puisqu'il est tout pour toi.

» Tu me demandes si tu ne pourrais pas revenir chez moi, dans le cas où le saint état que tu as embrassé ne te plairait pas ; c'est-à-dire , je pense, *si tu n'y étais pas appelée*. La maison de ton oncle, ma chère fille, te sera toujours ouverte, et tu pourras sans doute y reprendre ta place ; mais, encore une fois, ne perds pas de vue que nous devons, avant tout, chercher et faire la volonté de Dieu, et non pas suivre nos inclinations naturelles. Notre Seigneur Jésus-Christ nous dit que celui-là n'est point propre pour son royaume , qui, après avoir mis la main à l'œuvre, regarde derrière lui ; c'est-à-dire qui, après avoir été appelé de Dieu à un état plus saint, regrette les avantages qu'il avait dans le monde. Il ne faut donc pas, ma chère enfant, que tu écoutes ces regrets que le démon te suscite maintenant, pour l'empêcher de suivre, avec joie et perfection, la voie de Dieu qui t'appelle. Autrement, Dieu te rejetterait comme indigne d'être son épouse, puisque tu préférerais les consolations du monde aux grâces qu'il te destine. Rien alors ne pourrait te dédommager de cette perte.

» Aussi, me fais-tu bien plaisir en me disant
que tu commences à t'accoutumer et que tu
espères te plaire dans ton saint état. Cela
est fort bien, ma chère fille. Je souhaite que
tu persévères dans ces bons sentiments. Je
prie Dieu qu'il les affermisse en toi, et,
chaque jour, en te portant, en esprit, au
saint autel, je lui demande de répandre sur
toi l'abondance de ses bénédictions. De ton
côté, fais-toi une raison : combats ces pensées et ces regrets qui t'éloignent de ta vocation ; songe que c'est Dieu qui te veut où
tu es, et, par conséquent, que cela doit te
suffire. Mets maintenant toute ton application
à faire des progrès dans les sciences qu'on
t'enseigne et dans les vertus qui te sont nécessaires ; n'aie jamais d'autre volonté que
celle de tes supérieurs, qui, pour toi, est
celle de Dieu. Sois humble et docile, même
en ce qui te répugnerait le plus. Imite cette
troupe de jeune compagnes que tu as dans
cette maison et qui m'ont tant édifié par
leur modestie, leur candeur et toutes
les vertus qui sont peintes sur leur visage
et dans leur maintien. Lorsque je les vis
dans l'enclos où elles étaient à travailler, je
me disais : C'est bien ici le séjour de la
sagesse et de la vertu véritables. Il me
semblait voir autant d'anges occupés à faire

la volonté de Dieu ; et, lorsque j'ai rapporté ces choses à ta sœur et à tes compagnes de Derval, les larmes leur sont venues dans les yeux, et elles disaient : « Oh, que Thérèse est heureuse d'être dans une si sainte maison ! pour nous, nous n'en sommes pas dignes. »

» Que le Seigneur te bénisse, ma chère enfant ; que sa grâce règne dans ton cœur ; qu'il veuille bien te faire devenir, un jour, une vraie sœur de la Sagesse, et que nous ayons le bonheur de nous revoir au ciel. »

Ces conseils élevés et ces touchants encouragements ne purent dominer les impressions de la jeune novice. Elle ne put supporter, en particulier, que son oncle renvoyât le plaisir de la revoir au ciel, et elle ne cessa de lui exprimer ses chagrins et de solliciter de lui qu'il continuât à lui écrire. M. Orain s'y prit alors d'une autre manière : affectant de la traiter en petite enfant, et assaisonnant son discours d'une innocente ironie, il lui adressa la charmante lettre qui suit :

« Puisque la nièce aime tant s'entretenir avec son oncle, il faut bien que l'oncle se rende aux désirs de sa nièce, car elle est encore comme un petit enfant qu'on vient de sévrer, afin de l'habituer à une nourriture plus solide ; mais rien ne peut remplacer pour lui le lait de la mère. On a beau le transporter loin d'elle, il se livre à la tristesse, il gémit, il pleure, il fait entendre au loin ses cris ; c'est en vain qu'on cherche à l'appaiser, il faut, pour le faire taire, lui mettre dans la bouche un joujou qui l'amuse.

» Pauvre chère petite Thérèse ! comme elle pleurait et regrettait de n'être plus avec son oncle, lorsqu'il alla la conduire et qu'il la laissa à Saint-Laurent ! Elle ne pensait pas que Dieu avait sur elle des desseins de miséricorde ; qu'il voulait l'élever à une perfection plus grande et se l'attacher à lui-même, en la détachant de tout ce qu'elle avait de plus cher au monde. Et c'est pourtant ainsi que Dieu agit à l'égard de ceux qu'il aime le plus ; et nous devons prendre bien garde de nous opposer à ses desseins.

» A qui comparerai-je encore notre Thérèse ? A son oncle lui-même, lorsqu'à l'âge de six ans, son père le conduisit chez son oncle de Malville, pour y être élevé. Le long de la route, tout était beau et admirable à ses yeux, car c'était la belle saison et il n'avait jamais vu tant de pays. Mais quand il fallut se séparer du papa, ce furent des chagrins, des pleurs et des cris. Il fallut au père de l'adresse pour s'échapper. On enferme le petit homme dans la maison; il va d'une porte à l'autre, les frappe en vain à grands coups de pieds ; elles ne peuvent s'ouvrir ; il cherche à escalader la fenêtre, elle était trop haute. Force est à lui de se résigner jusqu'à ce que, à quelque temps de là, ayant éprouvé une nouvelle contrariété, il franchit la porte et se sauve, bien résolu de s'en aller jusqu'à Fégréac. Mais, bientôt, il s'égare, passe près d'une maison de noblesse, et, conduit par la curiosité, il entre dans la cour ; mais deux ou trois petits chiens se mettent à aboyer et se précipitent sur lui : notre homme se sauve, les chiens le poursuivent et le font bien retourner d'où il venait et d'où il ne lui prit plus envie de s'enfuir.

» Je ne trouve donc pas étonnant, ma chère fille, que tu aies été d'abord sensible à la séparation de ton oncle et des personnes de sa maison ; mais pense bien que Dieu, qui voulait de toi autre chose, a permis que tu en sois sortie. Son dessein est de te faire marcher vers le ciel par une voie plus sublime et, pour cela, il a voulu te sévrer des douceurs de la maison de ton oncle, afin de t'accoutumer à renoncer aux biens et aux plaisirs, quelqu'innocents qu'ils soient, à te renoncer toi-même, pour servir Jésus-Christ, porter ta croix à sa suite pendant le reste de ta vie, et avoir, un jour, une meilleure part à sa gloire. Car, ma chère enfant, celle qui aura été sur la terre une bonne et fervente religieuse, sera bien plus élevée dans le ciel, que celle qui aura vécu au milieu des dissipations inséparables de la vie mondaine. Il ne faut donc pas que le souvenirs des douceurs que tu y as goûtées, te porte maintenant à y rentrer, contre la volonté de Dieu. Dieu ne manquerait pas de t'en punir en t'empêchant de retrouver les mêmes douceurs. Continue, ma chère enfant, à demander à Dieu qu'il te fasse connaître ce que tu dois faire pour lui plaire, et qu'il daigne t'accorder les grâces nécessaires pour suivre la voie où il veut que tu sois.

» Ne te déconfortes pas, non plus, de ce que tu n'es pas aussi instruite et que tu n'as pas autant de capacité que d'autres. Dieu est le maître de ses dons, et c'est lui qui n'a pas voulu que tu aies plus de talents. Il faut te tenir pour satisfaite de ceux qu'il t'a donnés, sans en ambitionner davantage. Seulement, applique-toi bien à cultiver ceux que tu possèdes. Notre-Seigneur Jésus-Christ dit, dans son Evangile, que le père de famille avait donné à ses serviteurs une mesure différente de talents : à l'un, dix ; à un autre cinq ; à un autre, deux ; et à un autre un seul ; mais il ne demanda compte à chacun que de ce qu'il lui avait donné. C'est pourquoi ne t'affliges pas d'en avoir moins que d'autres. Dieu veut te tenir dans l'humilité, qui est une vertu bien plus précieuse à ses yeux. Peut-être qu'avec plus d'esprit tu aurais donné dans l'orgueil et tu te serais perdue, comme ce jeune homme, nommé Ado, dont il est parlé dans le *Pensez-y-bien*. Dans sa jeunesse, il était très-borné et très-ignorant, mais aussi bien humble et bien vertueux. Dans la suite, ayant obtenu de la sainte Vierge, beaucoup d'esprit et de science, il s'en orgueillit et se perdit misérablement.

» Que le Seigneur te bénisse, et que sa grâce règne dans ton cœur, etc. »

Cette seconde lettre n'ayant pas eu plus de succès que la précédente, M. Orain jugea qu'il était temps de porter un dernier coup, en abordant directement, avec sa nièce, la question de son retour, et en mettant sous les yeux toutes les conséquences qu'il pouvait avoir. Ce fut l'objet de la lettre suivante :

« Tu me répètes, ma chère Thérèse, que

tu as beaucoup de peine à t'accoutumer dans la sainte maison où la Providence t'a conduite. Je n'en suis pas surpris. La vie douce que tu as d'abord menée à Derval ; la facilité avec laquelle tu es entrée à Saint-Laurent ; les difficultés de la vie religieuse que tu y as rencontrées, et auxquelles tu n'étais pas accoutumée ; enfin, les ruses du démon qui s'efforce par ses tentations de te détourner des voies plus parfaites dans lesquelles tu dois marcher, peuvent expliquer tes dégoûts et tes ennuis.

» Tu sais, d'ailleurs, que je t'ai laissée maîtresse de choisir ta vocation ; c'est toi-même qui m'as demandé à entrer en religion. Loin de t'y engager, je t'ai recommandé d'y penser sérieusement ; je t'ai fait différer pendant plusieurs années ; mon avis était que tu ne comprenais pas assez les obligations de la vie religieuse, et que tu ne devais pas en faire l'essai. Malgré cela, tu as persévéré dans ton dessein ; je me suis cru obligé de ne m'y pas opposer ; et aujourd'hui, tu insistes pour abandonner cette même vocation et revenir à Derval.

» Ma chère fille, en ceci, il ne faut point agir en enfant : vouloir aujourd'hui une chose et demain une autre, pour revenir ensuite à la première. Lorsque tu me parlas d'entrer en religion, je te dis que cela demandait beaucoup de réflexion. Maintenant que tu me demandes à en sortir, je te réponds qu'il en faut bien plus encore. Peut-être ne vois-tu, dans cette démarche, que le bonheur de revoir ton pays et ceux que tu y as laissés voler au-devant de toi, te tendre les bras et t'embrasser avec tendresse et félicitations ; tu serais dans l'erreur. De même que tu n'as pas rencontré dans la vie religieuse toutes les consolations que tu avais rêvées, tu ne retrouveras plus dans le monde toutes les joies que tu y as goûtées autrefois. Dieu permettra que les choses changent pour toi, afin de punir ton inconstance, et le démon qui te sollicite aujourd'hui de quitter Saint-Laurent, sera le premier à profiter de ton caractère irrésolu, pour te jeter dans des troubles et des remords et, peut-être, dans des fautes déplorables. Sans doute aussi que tu te reposes de l'avenir, sur ton oncle ; mais cet oncle vivra-t-il toujours ? vivra-t-il assez pour toi ? Il pourra te manquer au moment où tu y penseras le moins, et, alors, que deviendras-tu ? Et, quand bien même tu ne le perdrais pas, cet oncle qui a pu faire une dépense de 400 fr. pour te placer où tu es, sera-t-il bien porté à en faire encore autant pour t'arracher à de nouveaux et cuisants regrets ? C'est pour cela que je te dis, qu'avant de prendre le parti de t'en revenir, tu dois faire les réflexions les plus sérieuses. Consulte aussi ton respectable directeur, et fais-lui part de toutes mes observations ; il ne te donnera que de très-bons avis.

» Cependant je ne veux ni forcer ta vocation, ni te faire prendre un parti à ma guise. Je désire seulement que tu fasses la volonté de Dieu. C'est pourquoi, si, après l'avoir instamment prié de te la faire connaître, tes supérieurs déclarent qu'il ne veut pas que tu sois religieuse, il faudra t'en revenir, et t'en remettre de tout à la sainte Providence.

» Que le Seigneur te bénisse, ma chère enfant ; que sa sainte grâce règne dans ton cœur ; et sois persuadée des sentiments affecteux avec lesquels je suis, en Notre-Seigneur Jésus-Christ, ton oncle,

G. ORAIN. »

Tant et de si sages remontrances ne laissèrent pas que de faire réfléchir l'imprudente novice. Durant plusieurs mois encore, elle lutta contre ses impressions et ses ennuis. Mais l'épreuve s'étant suffisamment prolongée, de l'avis même de ses supérieurs, elle revint à Derval. Son oncle la reçut sans lui adresser aucun reproche, et il continua de lui donner les soins les plus bienveillants.

Dans la réalité, Thérèse n'était pas faite pour la vie religieuse : sa place était où la Providence l'avait d'abord mise, c'est-à-dire près de son digne oncle, dont elle tenait la maison, et qu'elle délivrait ainsi d'une foule de préoccupations matérielles qui, surajoutées à un ministère aussi surchargé que le sien, eussent été pour lui un véritable embarras. Ses nièces, l'aînée surtout, le laissaient en pleine sécurité sur son intérieur, pendant ses longs et incessants travaux apostoliques. Elles l'aidaient même, ainsi que nous l'avons vu, dans le soin des pauvres et l'instruction des ignorants, et multipliaient ainsi le bien autour de lui. Il est à remarquer, cependant, qu'il ne se laissa jamais ni dominer ni diriger par elles, pas même dans l'économie de son ménage, dont il se réservait la direction principale, ainsi que le constatent ses livres de dépenses, écrits en entier de sa main. Il sut d'ailleurs conserver toujours, dans ses rapports avec elles, ce mélange de gravité et de douceur qui lui permettait d'être affectueux, sans rien perdre de son autorité. Il avait coutume, lorsqu'elles venaient l'entretenir ou qu'elles le saluaient, d'employer les formules suivantes :— «Que le bon Dieu vous bénisse, mes filles. » Et les nièces devaient répondre : — « Que le bon Dieu, vous bénisse, mon oncle; » ou bien encore : — « Que la grâce du bon Dieu soit dans votre cœur ; que le bon Dieu vous donne son Paradis. » Lorsqu'il les trouvait seules, souvent il leur demandait : — « Etes-vous seule, Thérèse ? Etes-vous seule, Renée ? » Et si elles venaient à lui répondre : — « Oui, mon oncle ; » il reprenait : — « Non, ma fille, tu es avec le bon Dieu ; » ou : — « Ton bon ange est près de toi. »

Cependant les années s'accumulaient sur la tête du zélé prêtre, et les infirmités, fruits de tant de sollicitudes et de labeurs, se multipliaient avec elles. Ceux qui l'entouraient, bien qu'il ne se relâchât en rien de son assiduité au travail, voyaient avec peine ses forces diminuer, et des accidents alarmants se produire. En 1824, Monseigneur de Guérines donnait la confirmation à Saint-Aubin-des-Châteaux. M. Orain devait s'y rendre ; mais ayant été retenu à Derval par ses occupations multipliées, il ne put se mettre en route que vers huit heures du matin. Il avait quatre lieues à faire, par des chemins de traverse, et la chaleur était excessive. Près d'arriver, il rencontra des fidèles qui revenaient déjà de la cérémonie, et il les ramena avec lui en les exhortant à recevoir la dernière bénédiction de leur Evêque et les indulgences accordées dans cette circonstance. Il en ramena ainsi ûn grand nombre et se rendit immédiatement à l'église, où il monta en chaire pour chanter des cantiques. Sa voix était altérée et témoignait déjà d'une extrême fatigue. Malgré cela, il voulut encore assister à la cérémonie de la prière pour les morts , qui se faisait dans le cimetière; mais là, les forces l'abandonnèrent complétement, et il tomba pâle, défait, sans connaissance. Ce ne fut qu'un cri d'épouvante dans la foule : « M. Orain est mort! » On l'emporte au presbytère; tous ses confrères , Monseigneur lui-même , étaient désolés. Cependant il reprit peu à peu ses sens, et voyant ceux qui l'entouraient s'empresser à le servir, il leur disait avec un aimable sourire : — « Je vous occasionne beaucoup de peine; je vous en aurais donné bien moins si j'étais réellement mort. J'étais rendu au cimetière, il n'y aurait eu qu'à m'y creuser une fosse et à m'y déposer. » Lorsqu'il fut complétement revenu à lui, craignant d'attrister ses confrères par son absence , il voulut assister au dîner ; mais il mangea peu, et aussitôt après, il reprit le chemin dè Derval, recommandant bien à celui qui l'accompagnait de ne rien dire à ses paroissiens de ce qui lui était arrivé, de pour de les effrayer.

En 1825, il essuya une maladie beaucoup plus grave et qui faillit le conduire au tombeau. Elle lui vint à la suite d'un voyage précipité qu'il fit à Nozay, et durant lequel, ayant été obligé de se reposer, il contracta un refroidissement subit. Il ne parla à personne de son indisposition, et le lendemain, quoiqu'il eut la fièvre, il voulut remplir ses fonctions. Mais pendant la messe, il se trouva plus mal et fit signe à celui qui le servait de lui apporter une chaise. Il acheva néanmoins, à grand'peine le saint Sacrifice et, au sortir de l'église, il dut se mettre au lit. Le médecin déclara que la maladie était sérieuse, et fit défense au patient de réciter son bréviaire. Cette ordonnance lui parut le pire des remèdes. — « Je ne suis pas assez mal, disait-il, pour me soustraire à une obligation si grave; que veut-on que je fasse, si l'on m'empêche de prier? » Pour tromper la vigilance de ses gardes, il cachait son bréviaire et son chapelet sous sa couverture, et l'on voyait, au mouvement de ses lèvres, qu'il priait continuellement. Se croyant près de sa fin, il chargea celui de ses élèves de qui nous tenons tous ces détails, de régler ses affaires temporelles. Elles étaient parfaitement en ordre; il avait désigné à l'avance, jusqu'à l'ornement qui devait lui servir après sa mort.

Dieu exauça néanmoins les prières de ses paroissiens, en le leur rendant pour quelque temps encore; mais il était devenu asthmatique et, à dater de cette époque, sa vie ne fut qu'une continuelle souffrance. Voici comment il parle lui-même de cette maladie à son cousin qui s'était offert de lui venir en aide : « Il est bien vrai que j'ai passé, cette année, un assez triste carême, sans observer la loi du jeûne ni même celle de l'abstinence, ce que j'eusse cependant bien préféré, si cela eut dépendu de moi. Mais nous ne commandons point à la maladie. Dieu est le souverain Maître de tout, cette année, comme toujours. M. le curé et M. le vicaire de Vay, ont eu la complaisance de me suppléer, les dimanches et les fêtes. Aux fêtes de Pâques, j'ai pu reprendre mes fonctions; mais je n'ai point recouvré les forces que j'avais avant cette maladie; je sais bien que le mal ne se dissipe pas aussi vite que lorsque j'avais vingt-cinq ans.

» Je ne vous suis pas moins reconnais-

sant de votre offre obligeante. Vous êtes
occupé de choses plus importantes, et vous
avez besoin de tout votre temps et de toutes
vos forces pour cultiver la vigne que le
Seigneur vous a confiée, et faire persévéramment la guerre au péché mortel. »

Malgré le dépérissement de sa santé, le
saint vieillard ne se relâcha en rien de ses
travaux. Il put encore remplir ses fonctions
jusqu'au mois de décembre de l'année 1829.
On venait de publier un nouveau jubilé, et
il s'occupait d'en préparer le succès. —
« Voici, disait-il à son vicaire, une nouvelle
» grâce que Dieu nous fait, il faut redoubler
» de zèle pour que nos paroissiens en pro-
» fitent. » Mais Dieu devait, cette fois, se
contenter de sa bonne volonté. Le samedi,
veille du premier dimanche de l'Avent, il
tomba subitement malade, et demeura près
de trois heures sans connaissance. Son
vicaire effrayé envoya chercher son confesseur, qui accourut. Le pieux malade accepta
avec empressement et reconnaissance le
ministère de son confrère et, comprenant
dès lors qu'il touchait à sa fin, il se prépara
avec ferveur à paraître devant Dieu. Quelle
que sainte et méritoire qu'eut été sa vie, la
pensée du souverain Juge l'effrayait. L'un
de ses élèves, qui l'aimait beaucoup, lui

rappelant, pour l'encourager, le bien immense qu'il avait fait : — « Il est vrai, répondit-il, que j'ai fait beaucoup de choses, mais les ai-je bien faites ? Dieu seul le sait. Peut-être trouvera-t-il blâmable ce que les hommes jugent digne d'éloge ? Cependant, il est bon ; priez-le de me prendre en pitié et de voir plutôt faiblesse que malice dans mes fautes.

Au bout de quelques jours, le mal augmentant, il demanda qu'on lui apportât le saint Viatique. Il voulut le recevoir à genoux. On le soutenait. A ce moment, apercevant les fidèles qui s'étaient empressés de venir assister à cette pieuse et triste cérémonie, il voulut leur parler encore une fois : — « En présence de mon Dieu et de mon Juge, devant lequel je vais paraître, leur dit-il, je vous conjure, mes chers enfants, de me pardonner les fautes que j'ai pu faire devant vous et les torts que j'ai pu avoir à votre égard... Aimez toujours ce Dieu si bon et si aimable... Servez-le avec fidélité... Quand vous serez arrivés à votre dernière heure, vous vous applaudirez des sacrifices que vous aurez faits pour sa gloire... Rappelez-vous toujours les avis que je vous ai donnés de sa part... Mon plus grand désir est de vous voir réunis, un jour,

avec moi dans le ciel... Je me recommande
à vos prières... Je ne manquerai pas de prier
pour vous... Profitez bien de la grâce précieuse du jubilé, qui vous est offerte en ce
moment... Qu'on est heureux d'avoir bien
vécu, quand on est sur le point de paraître
devant Dieu !... »

M. Orain répondit à toutes les prières de
l'Eglise. Il récita le *Credo* avec un grand
sentiment de foi et de piété ; puis, après
avoir reçu son Dieu, il se reposa doucement, en s'entretenant avec lui, dans les
sentiments d'humilité, de confiance et d'a-
mour, qui l'avaient animé toute sa vie. Tous
les assistants étaient dans les larmes et se
retiraient en racontant les circonstances du
touchant spectacle dont ils venaient d'être
les témoins. La désolation était générale
dans la paroisse, et les fidèles venaient à
chaque instant savoir des nouvelles de leur
pasteur. Pour satisfaire leur pieux empressement, on fut obligé d'annoncer l'état de
sa santé deux fois par jour, du haut de la
chaire, et on ne cessait d'adresser pour lui
d'ardentes prières à Dieu. M. Orain n'avait
pas voulu que le jubilé fut retardé à cause
de lui ; la triste nouvelle contribuait à y
faire affluer un nombre considérable de
fidèles de Derval et des paroisses environ-

nantes. Le charitable pasteur n'y demeurait pas étranger. Il s'informait fréquemment de la ferveur avec laquelle on en suivait les exercices ; et c'était une grande consolation pour lui d'apprendre que tous rivalisaient de bonne volonté et de piété. Tandis que ses confrères prêchaient et confessaient à l'église, il priait sur son lit de douleur, regrettant de ne pouvoir faire plus. Au milieu d'une crise violente, son vicaire lui représentant qu'il allait bientôt recevoir la récompense de ses travaux, le saint vieillard ne sut que lui répondre par ces paroles du grand saint Martin : — « *Non recuso laborem* : Je ne refuse point le travail.* » Paroles admirables dans sa bouche, et qui furent comme le reflet et le résumé de sa laborieuse carrière.

Ce fut alors que Dieu lui ménagea une consolation inattendue et qui lui fut bien douce. M. Chatelier et Mme Saint-Esprit, que nos lecteurs connaissent et qui lui avaient été si dévoués pendant la Révolution, arrivèrent à Derval et demandèrent à être admis près de leur ancien et bien-aimé pasteur. M. Orain les reçut avec une grande affection de cœur. Il leur parla de Dieu, les encouragea, les bénit et voulut les congé-

dier. Mais ils ne pouvaient se séparer de lui.
M. Chatelier demeura encore quelques jours
près de lui, et Mme Saint-Esprit y resta
jusqu'à sa mort, le servant jour et nuit, et
aidant ses nièces, qui dans cette circonstance, avaient bien besoin du secours et de
l'expérience d'une auxiliaire aussi dévouée.

La maladie faisait des progrès effrayants.
Elle s'était changée en une espèce d'agonie
longue et intermittente qui le faisait horriblement souffrir. Il supportait toutes ces
douleurs sans proférer la moindre plainte
et avec une patience admirable. Ses confrères, ou la vénérable religieuse de Fégréac,
se permettaient de l'exhorter de temps en
temps ; il leur en témoignait sa reconnaissance par des signes ou par des paroles
bienveillantes. Huit jours s'écoulèrent dans
ces luttes suprêmes qui achevaient de purifier son âme et d'embellir sa couronne. Il
reçut une seconde fois la sainte communion
pour gagner l'indulgence du jubilé, à l'application de laquelle il s'était préparé. Les
assistants lui demandèrent de les bénir encore une fois; il le fit de bon cœur, bénissant spécialement ses nièces, son vicaire et
ses paroissiens. Il semblait heureux de faire
encore acte de cette charité de pasteur,

qui avait été l'âme et le mobile de toute sa vie, et qui demeurait active en lui, jusque sous les étreintes de la mort.

Il touchait à ses derniers moments ; on doutait s'il respirait encore ; son vicaire lui dit : — « M. le recteur, si vous m'entendez, faites-le moi comprendre par quelque signe ; je vais vous donner une dernière absolution. » Le pieux mourant fit alors un effort, il ôta le bonnet dont sa tête vénérable était couverte ; puis, ayant joint les mains comme pour prier, il rendit son âme à son Créateur.

Cette mort précieuse devant Dieu arriva un dimanche soir, vingtième jour du mois de décembre de l'année 1829. M. Orain était dans sa soixante-quatorzième année. Il avait exercé le saint ministère pendant cinquante ans, dont près de vingt-sept s'étaient écoulés à Derval.

Nous n'essaierons point de peindre la douleur de ses paroissiens à cette nouvelle. Ce fut celle d'une famille pleurant un père sincèrement aimé. Ses obsèques eurent lieu le mardi suivant, au milieu d'un nombreux clergé et d'une foule immense de fidèles. M. l'abbé Delpuech, curé de Mouais, prononça son oraison funèbre, et, quelques mois après, son respectable successeur lui

faisait élever un modeste tombeau, recou-
vert d'une pierre de marbre sur laquelle il
fit graver cette épitaphe qui résume également
ment bien la vie de cet homme vraiment
apostolique ·

« Ici repose le corps de M. G. Orain, curé
de cette paroisse, pendant vingt-sept ans, et
dont on peut dire, avec vérité : IL A PASSÉ
EN FAISANT LE BIEN. »

CHAPITRE VII.

—

Pour être un grand homme, il suffit de
posséder les vertus morales, rehaussées par des actions d'éclat. Pour être un
saint, il faut surtout pratiquer, dans un
degré éminent, les vertus évangéliques, que
le monde ne connaît guère et qui, cependant, sont l'expression la plus élevée de la
perfection humaine. C'est, pour parler le
langage chrétien, la formation en nous de
l'homme nouveau, régénéré par la grâce et
à l'image de Jésus-Christ, le divin modèle
de l'humanité. Cette remarque explique,
entre autres choses, pourquoi l'hagiographie s'est enrichie d'un chapitre inconnu à

la biographie ordinaire, celui des vertus
surnaturelles des saints. Nous n'aurons
garde de négliger ce point de vue fécond,
dans la vie de M. Orain. Il nous fournira,
au contraire, la matière d'un portrait du
saint prêtre et d'un résumé de sa vie, auxquels viendront s'ajouter de nouveaux traits
pleins d'intérêt.

Au physique, M. Orain était d'une taille
dépassant la moyenne et d'une constitution
robuste, bien que son visage et tout son
corps fussent amaigris par ses austérités
continuelles. Ses cheveux étaient plats et
longs, ses yeux vifs et pénétrants; un sourire bienveillant s'épanouissait volontiers
sur ses lèvres, et toute sa physionomie était
empreinte d'un heureux mélange de gravité
et de douceur. Ses vêtements étaient d'é-
toffe commune; il poudrait sa chevelure,
suivant l'usage du temps, et portait à ses
souliers de larges boucles de métal. Lorsqu'il se mettait en route pour visiter ses
paroissiens, le chapeau triangulaire sur la
tête, le bréviaire sous le bras, le chapelet
d'une main, le bâton de l'autre, et précédé
de son chien fidèle, il offrait une des images les plus vénérables du prêtre à la campagne. Dans les dernières années de sa vie,
ses épaules s'étaient un peu voûtées, sa

tête s'inclinait sur sa poitrine et ses discours à ses bonnes gens avaient pris un
caractère de simplicité exceptionnelle. Les
ayant à peu près tous baptisés, catéchisés et
mariés, il en tutoyait un grand nombre ;
mais cette liberté toute paternelle ne nuisait
en rien à la vénération qu'ils lui portaient.
En présence des personnes respectables et
dans les circonstances solennelles, il reprenait toute sa dignité et l'on reconnaissait,
dans le modeste pasteur, l'homme d'éducation soignée et d'habitudes polies. Ses manières, du reste, ne descendaient jamais à
la familiarité, pas plus qu'elles ne s'élevaient à la prétention ; elles se tenaient dans
un milieu de gravité et de simplicité vraiment évangéliques.

Doué d'un caractère naturellement bon,
droit et énergique, il offrit dans sa personne
un type remarquable du prêtre breton, et
dans sa conduite cette fixité de vue et de
mœurs qui est un des traits distinctifs de sa
race. Tel nous l'avons vu, durant ses années de séminaire, pieux, laborieux, sur-
montant avec persévérance et courage tous
les obstacles qui s'opposaient à sa vocation
sacerdotale, tel nous avons pu l'observer
poursuivant avec la même persistance et la
même ardeur l'œuvre de son saint minis-

tère, y rapportant toutes ses pensées et tous ses actes, ne s'arrêtant devant aucun péril et, chose plus remarquable encore, tendant toujours et directement au but le plus élevé, par les moyens les plus parfaits Dans le choix d'un état de vie, il vise au sacerdoce; dans l'exercice du ministère, il embrasse le dévouement le plus absolu. Quand la Révolution se déclare, il prend immédiatement le parti le plus héroïque : il reste à son poste. S'il s'agit de sauver la foi de ses paroissiens, il jette ouvertement le cri d'alarme, sans s'inquiéter du blâme des timides. En butte à tous les genres de persécutions, il n'en demeure pas moins ferme dans sa résolution ; la pensée de fuir ne se présente même pas à son esprit. Loin de là; il voit que le plus parfait est de joindre l'exercice du culte public à celui du culte privé; d'étendre son ministère, de sa paroisse aux paroisses qui l'entourent ; de faire fleurir la piété sur le tronc de la Foi, alors que presque partout ailleurs l'une et l'autre s'altèrent et se flétrissent, et il entreprend, il exécute toutes ces choses avec une persistance et un zèle qui ne se démentent jamais.

« Il était juste, dit-il, en parlant des habitants de Fégréac, que, se montrant bons catholiques, ils ne fussent pas privés des secours spirituels : c'est pourquoi je pris la résolution de ne les point quitter, même au péril dè ma vie ; pensant que, si je venais à périr, ce serait pour une bonne cause, et que le passeport que les républicains me donneraient ainsi pour l'éternité serait très-avantageux pour moi. Je ne cessai jamais d'avoir cette pensée présente à l'esprit... Je pensais aussi que, si j'étais pris, je serais certainement mis à mort. Cela étant, disais-je, et quant à subir la mort en qualité de prêtre, il faut au moins que je la mérite, afin de n'avoir pas la honte et le remords de mourir sans avoir travaillé pour l'honneur de mon divin Maître et le salut des âmes. Il faut, disais-je encore, vendre ma vie tout le plus cher que je pourrai. »

Mais ce que nous n'admirons pas moins que son courage, c'est la sagesse avec laquelle il sut diriger toute sa paroisse et organiser tous les moyens de salut qui, dix ans durant, et pour ainsi dire aux portes de Nantes, ont pu le préserver, lui et ses paroissiens, des derniers malheurs qu'appelait chaque jour leur audace.

M. Orain est nommé à la cure de Derval : même fixité, même héroïsme de conduite. Son cœur, sa famille, ses habitudes le re-

tiendraient à Fégréac ; le moyen de rester
au moins dans les environs se présente de
lui-même ; mais la volonté de Dieu se pro-
nonce autrement ; aux yeux du digne prêtre,
il est plus parfait d'obéir sans hésiter. C'en
est assez, il part à l'instant, à pied et sans
faire d'adieux, pour le lieu où la Providence
l'appelle. Là, de nouveaux combats l'at-
tendent, et il lutte toujours, avec la même
force de caractère, la même étendue de vues,
la même fécondité de moyens et la même
perfection de résultats.

On retrouve ces traits dans la conduite
privée de M. Orain, aussi bien que dans son
ministère. Dès l'enfance, il prend l'habitude
de la dévotion à la très-sainte Vierge et
celle du chapelet ; et il grandit, il vit, il
meurt, dans la ferveur de cette dévotion.
Pendant son séminaire, dans la maison de
M. Gély, il s'initie à l'instruction de la jeunesse ; et, à Fégréac, à Derval, malgré toutes
les difficultés, il s'applique constamment à
instruire de jeunes laïques et de jeunes
prêtres. Pour faire face à son double devoir
d'instituteur et de séminariste, il se con-
damne à des veilles prolongées et à un travail opiniâtre ; et, désormais, il se gardera
bien d'abandonner cette habitude, qui de-
viendra l'un de ses plus utiles auxiliaires

pour le bien. Un dernier trait achève de peindre ce caractère : M. Orain débute dans la carrière sacerdotale par faire douze lieues, à pied, pour prendre possession de son vicariat de Paimbœuf, et, cinquante ans durant, il continuera d'exercer, à pied, son infatigable ministère.

Ajoutons que M. Orain fut doué d'un jugement sûr, d'une intelligence facile et élevée, d'un cœur bon et généreux, et l'on aura l'idée exacte des dons que Dieu lui départit et qui formèrent comme le fond de sa nature. Mais ce serait se tromper que d'attribuer à la nature seule le perfectionnement de ces heureuses dispositions, l'usage héroïque qu'il en fit et les grands résultats qu'il en obtint. Sur ce riche fond, la grâce de Jésus-Christ bâtit un nouvel édifice, celui des grandes vertus chrétiennes et sacerdotales, qui brillèrent dans cet homme de bien, et qu'il s'agit maintenant de faire connaître.

La première est la foi, c'est-à-dire cette disposition surnaturelle que Dieu met en l'homme, au jour de son baptême, et qui le prédispose à une connaissance plus étendue de Dieu et de sa Loi, et à une adhésion plus ferme de l'esprit aux vérités révélées. Cette vertu ne se développe pas nécessairement et malgré tous les obstacles ; placée dans un milieu impie, elle s'altère et meurt, comme la plante délicate dans une atmosphère empestée ; mais elle se fortifie et porte ses fruits au sein d'une famille et par une éducation sincèrement chrétiennes. Dieu permit que M. Orain eut ce bonheur, et il est vrai de dire que les simples catéchismes de Jacques Orain, son père, et les pieux chapelets de Julienne Ménager, sa mère, ainsi que les exemples de vie chrétienne qu'ils lui donnèrent contribuèrent plus puissamment qu'on ne pourrait le croire à faire du jeune Grégoire Orain, ce qu'il est devenu, un homme, un chrétien, un prêtre digne de tous ces beaux noms.

Au sortir de la maison paternelle, il eut encore l'avantage de passer entre les mains de son digne oncle, le curé de Malville, et celui-ci continua de cultiver avec soin, dans l'âme de son neveu, ces germes de foi, qui prirent leur entier accroissement au grand Séminaire, et portèrent ensuite leurs fruits. Il faut remarquer encore, avec les documents que nous suivons, que le premier effet de la foi, dans l'âme de M. Orain, avait été de lui donner une haute idée de Dieu, de ses grandeurs et de ses œuvres. C'est pourquoi il aimait tant à les méditer et il en parlait avec tant de plaisir et d'onction. La foi lui avait également ouvert le cœur de Jésus-Christ et tous les trésors de sagesse qui y sont cachés. C'est pourquoi encore les mystères du Sauveur, ses actes, sa doctrine, ses conseils étaient pour lui autant de merveilles, et il s'en servait sans cesse pour instruire, diriger et édifier ses paroissiens. Tout ce qui nous reste de ses sermons, de ses cantiques, de ses lettres, prouve que c'était bien là sa manière. Il faut ajouter que c'était ainsi qu'il s'instruisait et se dirigeait lui-même. A force de méditer la vie et les enseignements du Sauveur, il se les était en quelque sorte appropriés, et il réalisait en lui cette belle définition du prêtre : *Sacerdos alter Christus* : le Prêtre est un autre Jésus-Christ.

« Cette foi, dit un de ses confrères, puisée à sa véritable source, M. Orain la possédait dans sa plénitude, et il la conserva sans aucun affaiblissement jusqu'à la fin de ses jours. C'était elle qui réglait ses jugements, dictait toutes ses paroles, animait toutes ses actions. Il était évident pour tous, qu'il ne faisait rien sans l'avoir sous les yeux comme règle infaillible de ses appréciations et de sa conduite. Il avait coutume de dire que les choses n'ont de valeur que ce que leur en donne la foi, et que cette vertu étant le fondement de toutes les autres, elle devait être aussi la mesure de la confiance que méritent les hommes. C'était sur elle qu'il fondait principalement l'avenir de la religion, le bonheur de la société et particulièrement celui de sa paroisse. Aussi donnait-il tous ses soins à la cultiver dans les âmes ; et c'est ce qui explique comment son ministère fut si fécond dans toutes les paroisses où son action se fit sentir, et en particulier à Fégréac et à Derval. »

La seconde vertu distinctive de M. Orain fut l'humilité. Elle procédait de la foi et de la méditation assidue qu'il faisait des grandeurs de Dieu et des affreuses misères dans lesquelles le péché nous a plongés, et d'où nous ne pouvons sortir sans le secours de la grâce divine.

S'inspirant de ces vérités solides, son humilité était aussi vraie que profonde, et il ne craignait rien tant que de s'attribuer le bien qu'il pouvait faire, et de n'en pas reporter la gloire à Dieu. La manière dont il s'exprime à ce sujet, au début de son Mémoire, est trop belle pour que nous n'aimions pas à la reproduire ici :

« Ce serait, dit-il, tomber dans une erreur bien grossière que de se croire capable de faire quelque bien par ses propres forces et ses prétendus talents. Ce serait dérober à Dieu une gloire qui n'appartient qu'à lui et se perdre en voulant sauver les autres. Ce sont là des vérités dont je n'ai cessé d'être bien pénétré dans les diverses circonstances où je me suis trouvé ; et lorsque le démon de l'orgueil essayait de me surprendre et de me faire illusion à ce sujet, je n'avais qu'à jeter les yeux sur mes misères, et je trouvais bientôt en moi de quoi m'humilier et me couvrir de confusion. Si donc, je rapporte ici quelques circonstances de ma vie où la Providence a veillé sur moi, m'a préservé ou délivré de quelques dangers, et m'a aidé à faire quelque bien et à procurer à mes frères quelques secours temporels ou spirituels, je reconnais bien sincèrement que tout cela est venu de Dieu, qui a bien voulu m'assister et se servir de moi pour cela, plutôt que de bien d'autres qui en étaient plus dignes et plus capables. »

Une autre remarque à faire, à l'occasion de ce Mémoire, est que, dans le choix des faits que M. Orain y a rapportés, il s'est attaché uniquement à ceux qui font ressortir davantage l'action de la Providence, tandis qu'il a négligé ceux qui auraient pu tourner plus particulièrement à sa louange. Il indique lui-même ce but, dès les premières lignes, quand il dit : « On pourra trouver dans les traits que je vais rapporter, une preuve que le Seigneur n'abandonne jamais ceux qui mettent leur confiance en lui, etc. » L'on n'a pas oublié, non plus, avec quelle attention scrupuleuse il s'arrête, pour ainsi dire, à chaque page, afin de rapporter à Dieu, et non à lui, le bonheur qu'il avait d'échapper sans cesse à ses ennemis. Il fait plus, car il va jusqu'à attribuer cette protection divine aux mérites de ses paroissiens, à l'exclusion des siens propres.

« Je reconnus là, dit-il, une marque bien visible de la bonté de Dieu à notre égard, et de la protection de la sainte Vierge et des saints Anges. Je gémissais en moi-même de voir que j'y correspondais si mal. Je pensais aussi que ce n'était pas pour l'amour de moi que Dieu me conservait ainsi et me faisait échapper à toutes ces poursuites; mais que c'était plutôt pour tant de bonnes âmes qui le servaient bien mieux que moi.»

Ce dernier trait suffirait à lui seul pour caractériser la profonde humilité du saint prêtre, si celui du sauvetage du bleu ne le surpassait encore. Quelle admirable vertu que celle qui le porte, non-seulement à taire ce fait si glorieux pour lui, mais encore à s'efforcer de le dissimuler de telle manière, que ses amis même ne savent plus qu'en penser. Ce fait, raconté par M. Walsh, et répété par d'autres écrivains, du vivant même du modeste pasteur, était pour son humilité comme un véritable cauchemar. C'est pour cela qu'il évitait d'en parler et même de raconter les autres événements de sa vie qui auraient pu en réveiller le souvenir. C'était le mettre à la torture que de le questionner à ce sujet; car, alors, ne voulant ni avouer ni nier ce qu'il savait être vrai, il était obligé de recourir à des réponses évasives ou de changer la conversation, ce qui ne lui était pas toujours possible. On raconte une circonstance de ce dernier genre fort intéressante.

En 1828, Madame la Duchesse de Berry faisait sa tournée de Bretagne et était arrivée à Derval. M. Orain, en sa qualité de recteur de la paroisse, eût à la complimenter. Tout alla bien d'abord, car quoique le saint prêtre ne fut pas homme de cour, et que les trois quarts de son compliment fussent employés à demander des secours pour les pauvres de sa paroisse, il avait le cœur franchement breton et royaliste, et il sut exprimer ses sentiments en très-bons termes à l'illustre voyageuse. Il chanta même, dit-on, quelques cantiques qu'il avait composés pour appeler la bénédiction de Dieu sur l'auguste fils de la royale princesse. Mais alors vint le moment critique. M. de la Haye-Jousselin, premier magistrat de la commune, ayant profité de l'occasion pour faire connaître à Son Altesse le prêtre qu'elle avait devant les yeux, il ne crut pouvoir mieux faire que de raconter l'héroïque charité avec laquelle il avait sauvé la vie du soldat qui le poursuivait pour lui donner la mort. La Duchesse, touchée de ce trait, répartit : — « M. le curé est donc l'Evangile » en pratique ! » M. le curé était bien cela, en effet, mais l'éclat dont brilla sa charité, en ce moment, effraya tellement son humilité, que le bon vieillard demeura sans un mot de réponse, interdit et atterré. Jamais il n'éprouva un pareil embarras, pas même lorsque, quelques instants après, assis à la table de la Princesse, sous les grands arbres d'un magnifique salon de verdure, il se souvint que l'on était dans un jour de jeûne et que l'heure de prendre son repas n'était point encore venue, car, dans ce cas, il sut s'y prendre avec tant d'adresse et expédier si poliment les plats, qu'aucun n'approcha de ses lèvres avant que l'heure rigoureuse

n'eût sonné à l'horloge de la paroisse.
Comme témoignage de sa, satisfaction et
souvenir de son passage, Madame la
Duchesse de Berry non seulement octroya
largement l'aumône désirée, mais elle envoya, quelque temps après, au vénérable
curé, un magnifique dais qui servit à la
Fête-Dieu suivante.

Parlant de son humilité, l'un de ses élèves fait les observations suivantes : — « Ses
aventures étaient édifiantes et curieuses ;
tous auraient voulu les connaître et les apprendre de la bouche véridique de notre
maître, et l'on sait d'ailleurs combien les
vieillards aiment à raconter les histoires de
leur jeunesse. M. Orain sut ne céder à aucun de ces motifs, et se garantir de cette
faiblesse. Ayant livré à quelques amis son
Mémoire, dans lequel il avait consigné les
faits qu'il voulait faire connaître, il garda
constamment le silence sur le reste, dans
la crainte de s'attirer quelques louanges.
Etant au Séminaire, je lui écrivis pour le
remercier de services qu'il m'avait rendus et qui lui avaient coûté des sacrifices.
Oubliant en quelque sorte sa bonté ordinaire, il me répondit sur le champ et me
reprocha en termes assez durs de passer

mon temps à composer des compliments, plutôt que de m'appliquer à mes devoirs. »

On a dit avec raison que l'humiliation est la plus forte épreuve de l'humilité. M. Orain la supporta, comme les autres, en plusieurs circonstances et dans celles-ci entre autres.

Monseigneur l'évêque de Nantes faisait une visite pastorale à Derval, et avait conduit avec lui un nouveau grand vicaire, plein de zèle et de piété, mais qui ne connaissant encore ni M. Orain, ni son extrême pauvreté, et remarquant un ornement que sa vétusté eut, dans toute autre circonstance, condamné au rebut, mais dont le saint prêtre était encore obligé de se servir, lui en fit l'observation publiquement et en termes assez sévères. Tous les témoins de cette remontrance furent vivement émus, et ils s'attendaient à ce que le digne curé se fut permis au moins quelques observations. Il n'en fit rien. Il accueillit au contraire cette admonestation en silence, dans l'attitude du plus profond respect, demandant intérieurement pardon à Dieu de la négligence qu'on lui reprochait; et comme quelques-uns de ses confrères se proposaient de mieux informer M. le grand vicaire, il s'y opposa et se condamna à de nouveaux sacrifices pour se conformer à la volonté de son supérieur. Plus tard, M. le grand vicaire connut mieux M. Orain, et lui voua une affection et une vénération spéciales. Lui-même devint depuis, par son éminente sainteté et particulièrement par son humilité profonde, l'un des modèles les plus accomplis et les plus aimés du clergé de Nantes.

Dans une autre circonstance, le curé d'une paroisse voisine étant mort, M. Orain fut chargé de faire les invitations pour la sépulture et pour le service, et il oublia par mégarde d'inviter le curé de la paroisse natale du défunt. Celui-ci en fut très-contrarié et, sous l'influence de sa première émotion, il adressa à M. Orain une lettre de reproches assez vifs. Loin de s'en offenser, l'humble prêtre lui répondit : — « Mon bien cher confrère, je vous remercie de la leçon que vous voulez bien donner au curé de Derval. Il faut espérer qu'il en profitera. Vous faites bien de le tancer vertement, il le mérite, car il a fait bien d'autres sottises semblables. »

Enfin le digne prêtre s'humiliait jusque devant les petits enfants. Se souvenant de ces paroles du Sauveur : *Si vous ne devenez semblables à eux, vous n'aurez point de part avec moi dans le royaume des cieux*, il se mettait quelquefois à genoux devant eux pour les bénir et former le signe de la croix sur leur front. On rapporte à ce sujet un trait qui tient presque du prodige. Une famille recommandable par sa piété avait trois petites filles muettes. Une quatrième leur fut donnée et présenta les symptômes de la même infirmité.

Les parents étaient désolés, et M. Orain prenant part à leur affliction, priait Dieu de leur épargner cette nouvelle peine. Lorsqu'il venait les visiter, il se mettait quelquefois à genoux et formait le signe de la croix sur les lèvres de l'enfant. La langue de cette petite fille se délia enfin et, seule de ses sœurs, elle parla. Elle se distingua dans la suite par sa science et sa piété, et aujourd'hui elle est supérieure d'une communauté de Nantes.

L'humble prêtre fuyait les honneurs autant que les louanges. Sa modestie était ingénieuse à éviter ceux qu'on voulait lui décerner dans les cérémonies religieuses, dans les réunions de ses confrères et dans celles des laïques. Cependant, lorsque les convenances l'exigeaient, il ne faisait pas une opposition opiniâtre, mais il appelait à à son secours la simplicité chrétienne, qui sait éviter la fausse contrainte, se mettre à l'aise au milieu des honneurs et en reporter la gloire à Dieu, par l'hommage du cœur. « L'humilité, la modestie et la simplicité, dit un prêtre élève de M. Orain, sont trois sœurs qui se gardent mutuellement et sont inséparables. M. Orain voulait les voir dans ses élèves. Il les possédait lui-même au plus haut dégré ; je ne les ai jamais vues si bien unies et si aimables qu'en sa personne. »

La pauvreté est encore une sœur de l'humilité ; aussi M. Orain l'aimait-t-il sincèrement, et en fit-il sa continuelle compagne. Nous avons vu sa vie pauvre à Fégréac ; il la continua à Derval dans son presbytère, auquel il ne fit jamais que les réparations indispensables. Les seuls ornements qu'il se permit d'y ajouter furent les pieuses images et les sentences édifiantes dont il tapissait les murs. Son ameublement était à l'avenant ; ses lits et ses tables de bois ordinaire ; ses vêtements de grosse étoffe et son linge de toile commune. Le nombre de ces objets était réduit au stricte nécessaire ; mais il tenait à ce que tout, dans ses meubles aussi bien que dans sa personne, fut décent et en ordre. Il ne confondait pas la pauvreté avec le défaut de soin, qui n'en est que la fausse image. Ainsi ses soutanes étaient toujours propres, sa chevelure pou-

drée, sa barbe fraîche et sa couronne clé-
ricale renouvelée tous les huit jours. Il se
rendait à lui-même ce service au moyen de
deux miroirs qui l'aidaient à conduire adroitement son rasoir. Sa table participait de
son esprit de pauvreté. Elle était simple et
frugale, à moins qu'il ne reçut ses confrères
ou des étrangers, car alors elle devenait
confortable ; mais, dans ce cas même, on
n'y remarquait aucune recherche, et il
savait, quant à lui, rester pauvre au milieu
de son abondance.

Cet esprit de pauvreté n'avait ni pour
cause ni pour effet la parcimonie ; nul n'é-
tait plus généreux que M. Orain. Nous en
avons vu et nous en verrons encore des
preuves ; mais nous citerons dès maintenant deux ou trois faits qui se rapportent
plus directement à sa pauvreté. L'un de ces
vicaires rapporte, qu'à son arrivée à Derval,
sa santé étant très-faible et craignant de
ne pouvoir faire ses courses à pied, à l'exemple de son curé, il le pria de lui acheter
un cheval : — « Mon ami, répondit-il, je
le voudrais de tout mon cœur, mais je n'en
ai vraiment pas le moyen. » En effet, il
venait de donner ce qui lui restait d'argent à ceux de ses élèves qu'il envoyait au
Séminaire. On vint lui dire, un autre jour,

qu'il manquait de bois pour sa cuisine : — « Allez, dit-il à quelqu'un, chez un tel, et achetez-lui un petit lot de bois. » Cet ordre à peine donné, il monte à sa chambre, consulte sa bourse, et redescendant promptement : — « Demeurez, reprit-il, je n'ai pas de quoi payer cet achat. » Ces deux premiers traits expliquent le troisième. En mourant, M. Orain ne laissa que 1,800 fr., juste ce qu'il fallait pour solder ses dettes et équilibrer sa balance. C'est-à-dire que, pendant cinquante ans de ministère, il sut joindre à la pauvreté la plus absolue, l'ordre le plus parfait et, lorsque la gêne se faisait sentir au ménage, c'était en patientant et en souffrant qu'il se tirait d'affaire.

Ces faits nous conduisent naturellement à parler de la mortification de M. Orain. C'est une nouvelle vertu que le monde ne connaît guère, qu'il aime encore moins et qui, cependant, est indispensable. L'homme, en effet, est une intelligence servie par des organes, selon la belle définition d'un philosophe chrétien. Mais le péché a renversé cet ordre ; il a asservi l'intelligence aux organes. Pour rétablir l'équilibre, il faut faire violence à la chair, et cette violence n'est autre chose que la mortification chrétienne.

M. Orain l'avait compris : c'est pourquoi il disait avec l'apôtre : *Chaque jour je châtie mon corps et je le réduis en servitude.* Voici comment un de ses élèves s'exprime sur ce point : — « Notre vénéré père considérait son corps comme un serviteur qu'il fallait tenir constamment en haleine et sous le joug. Dans ce dessein, loin de le flatter en rien, il lui prodiguait les jeûnes, les veilles et les fatigues de toutes sortes. Il le nourrissait peu dans la santé, n'avait aucune pitié de lui dans la maladie et ne l'épargnait jamais dans le travail. Aussi l'avons-nous vu, plus d'une fois, succomber d'épuisement durant ses courses et même au milieu de ses fonctions, à l'église. On pourrait dire qu'il en faisait une holocauste perpétuelle au Seigneur, et que la grâce de Dieu seule le soutenait, comme elle soutenait les martyrs. »

A ces traits généraux, il faut ajouter les détails suivants. Lorsque le jeûne était de précepte, M. Orain n'y manquait jamais, ni dans ses voyages, ni dans ses infirmités, ni dans ses travaux les plus pénibles, et comme habituellement il ne revenait de l'église à la cure que vers midi, on peut dire que son jeûne était à peu près continuel. Il lui arriva même, assez souvent, de demeurer jusqu'au soir sans prendre de nourriture; un dimanche entr'autres, sa nièce qui lui portait, ce jour-là, son modeste repas à la sacristie, ayant ouï-dire qu'un autre s'était chargé de cet office, ne s'en inquiéta pas davantage. Il n'en était pourtant rien; et le digne prêtre, sans se plaindre ni avertir, n'en continua pas moins tous ses travaux du dimanche. Le soir, en rentrant, exténué de fatigue, il se contenta de dire à sa nièce : — « Ma fille, as-tu de la soupe à me donner ? » — « Oui, mon oncle. » — « Eh bien, sers de suite, car depuis hier au soir j'ai gagné appétit. » — « Mais, mon oncle, est-ce que telle personne ne vous a pas porté à dîner ? » — « Je n'en ai pas entendu parler. » Et il accompagna cette réponse d'un sourire où se réfléchissaient le calme et la sérénité de son âme.

Il vivait de peu, et, le plus souvent, de potage, de bœuf ou de lard bouilli et de légumes. Rarement il usait de poisson, et à chaque repas, il ne mangeait que d'un met, auquel il ajoutait quelques fruits. Sa boisson ordinaire était le cidre du pays, coupé d'eau. Lorsqu'il se trouvait en compagnie, afin de ne pas se singulariser, il prenait ce qu'on lui offrait; il acceptait même du vin commun, également coupé d'eau, et au dessert, quelques gouttes de liqueur douce, mais jamais de vin de prix ou de liqueurs fortes. Se trouvant un jour dans un grand dîner, l'hôte entreprit, avec quelques autres personnes, de lui faire goûter une de ces dernières liqueurs, et comme il s'y refusait constamment et avec politesse, on profita d'un moment où il était occupé pour en verser un ou deux doigts dans son verre. M. Orain s'en étant aperçu prit aussitôt la carafe, remplit son verre jusqu'au bord, et d'un trait, avala ce mélange, au grand étonnement de l'hôte et de ses complices qui se repentirent alors d'avoir voulu faire violence à la sobriété du vénérable prêtre. Dans les dernières années de sa vie, il était devenu d'une maigreur et d'une faiblesse telles que ses supérieurs crurent devoir intervenir, et l'obligèrent à user de vin rouge de Bordeaux. Il le fit par obéissance, mais il en prenait en si petite quantité et y mêlait tant d'eau que sa boisson était bien moins du vin rougé que de l'eau rougie.

Ses veilles n'étaient pas moins austères que ses jeûnes. Il ne prenait que quelques heures de sommeil et, la plupart du temps, dans son fauteuil et enveloppé d'un vieux manteau qu'il consacrait à cet usage. Il ne fit jamais de feu dans sa chambre, pas même au cœur de l'hiver. Seulement, après ses repas, il se chauffait quelques moments au feu de la cuisine, et lorsque le froid devenait trop rigoureux, il se faisait apporter, dans un petit vase de terre, un peu de braise enflammée, au moyen de laquelle il se réchauffait les pieds et les mains. D'autres fois, il se bornait à se dégourdir les doigts à la lumière de sa lampe. Quoiqu'il fut si sévère pour lui-même, il ne l'était pas pour les autres; il lui arrivait souvent de reprocher à ses nièces d'avoir ce qu'il appelait *un feu de veuve*, et il voulait que l'âtre de la pièce où elles se tenaient fût soigneusement entretenu.

Ses fatigues de corps étaient excessives : loin de s'en plaindre, il était toujours prêt à en accepter de nouvelles, quand le service de Dieu ou du prochain le réclamaient. Il était même ingénieux à les aggraver par des moyens que lui suggérait son esprit de mortification. C'est ainsi qu'il persista jusqu'à sa mort à faire ses courses à pied. Cette manière de voyager lui plaisait parce qu'elle se rapprochait davantage de l'esprit de pauvreté et de pénitence, et de l'exemple du Sauveur, qu'il prenait pour modèle. Ce fut en vain que ses élèves s'efforcèrent de lui faire accepter une monture; il s'y refusa toujours. L'un d'eux rapporte qu'à l'époque d'une mission qu'il faisait à Cambon et qui le fatigua beaucoup, il s'avisa d'envoyer secrètement son domestique lui conduire un cheval, avec ordre de le laisser à l'écurie de la cure et de s'en revenir de suite, afin que le digne prêtre fut obligé de le ramener et de s'en servir. Mais il avait compté sans le génie mortifié de son maître. M. Orain ramena, en effet, le cheval; mais ayant passé la bride à son bras, il le conduisit de la sorte jusqu'à Derval, en récitant, comme de coutume, son bréviaire et ses autres prières, à la lueur de sa lanterne. Cette manière de mener la bête ne fit qu'augmenter sa fatigue. Le domestique s'attendait à être réprimandé; mais le vertueux prêtre se contenta de lui dire : — « Mon ami, reprenez ce cheval; vous m'avez rendu un mauvais service. »

Il allait de temps en temps à Nantes, où l'appelaient les retraites ecclésiastiques ou ses autres affaires, et quoiqu'il eut une distance d'environ treize lieues à parcourir, il le faisait encore à pied. Quelquefois, cependant, il prenait la voiture publique, mais si, par une raison quelconque, il venait à la manquer, cela ne l'empêchait pas d'effectuer son voyage.

« J'ai été témoin, dit un autre de ses élèves, de plusieurs voyages de ce genre, qui durent lui être bien pénibles. Au mois de juillet de l'année 1824, une retraite ecclésiastique se donnait à Nantes : M. Orain, qui n'avait pas de vicaire, désirait y assister. Le dimanche, à minuit, il se présente à la diligence. Point de place. Cette difficulté ne le rebute pas. Sans rentrer à la cure, il part ; chemin faisant, dit la messe à Héric, et arrive à Nantes vers onze heures, par une chaleur accablante. Il se rend directement au Séminaire et y reste jusqu'à la clôture des exercices. Ce même jour, après avoir fait ses courses par la ville, il part vers six heures du soir, et en refusant de se servir d'un cheval que je lui avais amené :
— « Va devant, me dit-il ; je veux profiter du jour pour réciter mon bréviaire. » J'allai ainsi jusqu'à Héric, où nous fîmes à la hâte un léger repas, et il reprit aussitôt sa route à pied, me laissant le soin du cheval. Je le rejoignis à Nozay, où je l'engageai de nouveau à profiter de notre monture. » — Non, non, répondit-il, tu en as plus besoin que moi » ; et nous achevâmes la route ensemble, lui toujours à pied. Nous arrivâmes ainsi à Derval, à quatre heures du matin, et il reprit

ses fonctions ordinaires, à l'église, comme il avait coutume de le faire. »

» Lorsqu'il nous conduisait à Nantes, dit un autre témoin, pour nous faire subir des examens à l'Evêché, nous partions après la messe, mais longtemps avant le jour. Arrivés de bonne heure, il nous laissait passer nos examens et allait expédier ses affaires. Le lendemain, vers midi, nous nous remettions en route. Jeunes que nous étions, et bien reposés, nous supportions ces marches, quoique non sans fatigue ; mais le bon vieillard tombait de lassitude et, malgré cela, ne voulait rien changer à sa manière de voyager. Une fois, cependant, en passant près de Héric, les forces lui manquèrent totalement, et il fut obligé de s'arrêter. Nous saisîmes cette occasion pour l'exhorter de nouveau à prendre un cheval que nous avions préparé, et nous parvînmes, en lui faisant une sorte de violence, à l'y monter ; puis, marchant à ses côtés, pour le soutenir, nous nous remîmes en route ; mais à peine avions nous fait quelques pas, le saint vieillard nous dit que ses forces étaient revenues, et nous supplia, avec tant d'instances, de lui permettre de descendre que, vaincus par ses prières et émus jusqu'aux larmes, nous

fûmes contraints de nous rendre à son désir. Après un quart d'heure de repos, nous
reprîmes notre voyage. en lui prêtant l'appui du bras, et nous arrivâmes ainsi, péniblement, jusqu'à Derval. Ce n'était point par
opiniâtreté ou manie que le vénérable prêtre
agissait ainsi ; mais il tenait à ne point dé-
roger à l'austérité de sa vie, et voulait,
disait-il, nous donner l'exemple et nous
apprendre, qu'avec une volonté énergique,
on peut venir à bout des plus grands obstacles. »

Cette même vertu, il la portait dans les
maladies corporelles. Avant même qu'il fut
devenu asthmatique, il était sujet à plusieurs infirmités, et particulièrement à des
maux de tête intolérables. Loin de s'en
plaindre, il les tenait soigneusement cachés, et quand la pâleur de son visage et
son abattement trahissaient sa souffrance,
il savait encore la dissimuler en en parlant
dans des termes rassurants et d'un air sa-
tisfait.

Même esprit de mortification et même
courage dans les épreuves morales, « car,
dit un prêtre qui l'a parfaitement connu,
Dieu ne les épargna pas à son fidèle serviteur. Une vie passée dans des circonstances
aussi exceptionnelles que la sienne ne pou-

vait en être exempte. La cause de ses chagrins m'était connue. Ils provenaient le plus
souvent de son zèle pour la gloire de Dieu
et pour le salut de son troupeau. C'étaient
les abus renaissants dans sa paroisse ; ses
plans de réformes combattus ; ses desseins
déjoués ; la défection, les chûtes, les tra-
hisons de ceux sur la reconnaisance et l'appui desquels il avait droit de compter ; toutes ces choses mettaient son cœur à une torture d'autant plus cruelle, qu'il était plus
ardent et plus généreux. Souvent, dans ses
courses de nuit, surtout, lorsque la conversation roulait sur la gloire et la dignité du
sacerdoce, il ne craignait pas de m'avouer
que Dieu faisait payer au prêtre ses titres
d'honneur par des humiliations d'autant
plus sensibles qu'elles provenaient de ceux
de qui on devait moins les attendre. » Au
milieu de ces afflictions que ceux-là seuls
comprennent à qui Dieu les envoie, le courageux prêtre savait conserver, non-seulement cette charité que le devoir commande,
mais cette patience humble et silencieuse,
cette sérennité douce et calme qui n'est pas
dans la nature de l'homme, que la grâce
seule opère, et qui ne se trouve que dans
les âmes formées par une longue habitude
de la mortification chrétienne.

L'assiduité au travail était encore une des
vertus éminentes de M. Qrain. Ce que nous
savons de son ministère en est une première
preuve, mais il faut ajouter que, rendu à la
vie privée, il ne travaillait pas avec moins
d'ardeur. « C'est une chose prodigieuse, dit
un témoin, que cet homme qui paraissait
absorbé par ses sollicitudes paroissiales, ait
pu donner encore autant de temps à l'étude
et produire un aussi grand nombre d'é-
crits. Ce ne sont pas seulement des instructions, des sermons, des conférences; ce
sont encore des cantiques nombreux qu'il
a composés ou corrigés. Ce sont des notes
sur l'Écriture sainte, la théologie, l'histoire
et la science qu'il a prises; des critiques
très-sages et très-étendues qu'il a faites sur
une quantité d'ouvrages; des extraits importants de journaux du temps, des copies
d'actes officiels, de 'brefs des Souverains
Pontifes, des décisions des Evêques, d'une
infinité de documents utiles ou intéressants
qu'il a transcrits. On doit regretter vivement que tous ces écrits aient été dispersés
à sa mort ou livrés aux flammes par des
moins inintelligentes; on eût assurément
pu en faire une collection qui n'eût été ni
sans intérêt, ni sans mérite. »

A en juger par le peu qui nous en reste,

nous ne pouvons que partager nous-même cet avis et ces regrets. « M. Orain était érudit, dit un autre prêtre. Outre la théologie et l'Ecriture sainte, dont il faisait son étude habituelle, il possédait à fond la langue latine et les auteurs classiques, l'histoire, la géographie et la biographie des grands hommes, et, particulièrement, celle des saints.

Aucune branche des connaissances alors en cours ne lui était étrangère. Sa bibliothèque était assez volumineuse et très-bien composée. S'il ne s'y trouvait qu'un petit nombre de grands ouvrages, en revanche, on y remarquait une quantité considérable d'abrégés. Il avait coutume de dire que le prêtre ne peut trop approfondir les sciences ecclésiastiques, qu'elles sont sa spécialité ; mais qu'il ne doit point ignorer les autres et que, son ministère ne lui permettant pas d'y consacrer beaucoup de temps, il doit en prendre connaissance dans des abrégés bien choisis.

C'était la méthode qu'il suivait ; mais elle ne suffirait pas pour expliquer tous ses travaux, si nous ne savions qu'ils étaient le fruit de ses longues veilles. Après être monté dans sa chambre, avoir terminé son Office et ses prières, et mis à jour sa correspondance qui, elle-même, était considérable, il se mettait à l'étude, prenait ses notes, composait ses sermons, écrivait ses cantiques et cette multitude de sentences et de prières qu'il livrait ensuite à ses paroissiens et dont un grand nombre sont encore entre leurs mains. » M. Orain, en effet, ne perdait jamais de vue son ministère : ses études s'y rapportaient toutes par quelqu'endroit ; quand il ne travaillait pas pour son instruction personnelle, il le faisait pour l'édification de son peuple.

Au travail de l'esprit, il joignait celui des mains ; souvent même il les faisait marcher en même temps ; son activité et sa présence d'esprit lui donnant cette facilité. En faisant la classe à ses élèves, en donnant audience à ses bonnes gens, il fabriquait des chapelets, il encadrait des images, sculptait de petites croix, des christs, des statuettes de saints, qui n'étaient certainement pas des chefs-d'œuvre, mais qui témoignaient néanmoins d'une grande adresse et, surtout, d'un zèle toujours actif et ingénieux. Car, ces chapelets, il les distribuait ensuite aux fidèles ; ces images, il leur en faisait cadeau, ou bien il en ornait son humble presbytère et ses pauvres chapelles des champs, qu'il ne pouvait décorer plus richement.

Le vigilant pasteur n'était pas un instant inoccupé. Cependant il prenait, quand il le pouvait, après son dîner, ce qu'il appelait sa récréation, laquelle consistait à recevoir ses paroissiens, à faire la classe à ses élèves et à travailler aux petits objets dont nous venons de parler. Quelquefois, alors surtout que ses maux de tête se faisaient sentir, il essayait sur un harmonica, les airs des cantiques qu'il avait composés, ou bien, il faisait une promenade au Tertre-Mérais, colline charmante d'où le regard embrasse une perspective délicieuse. Ce sont des horizons lointains et variés, encadrant un bassin immense et semé de coteaux, de plaines, de rivières, de vieux châteaux avec leurs tours, de bourgs avec leurs clochers, de villages avec leurs toits étincelants au soleil : — « C'était là, dit encore un prêtre formé par M. Orain, qu'il se rendait tantôt seul, tantôt accompagné de quelques-uns d'entre nous. Son âme si amie de la nature, ou plutôt du Créateur qui s'y révèle, trouvait dans ces beaux spectacles et dans les émotions qu'ils lui procuraient, un allégement à ses souffrances; les nuages dont son cerveau brûlant était chargé se dissipaient, et alors, il se mettait à nous parler de Dieu et de ses grandeurs, du sacerdoce et de sa

dignité, dans un langage qui nous ravissait.
Il nous exhortait ensuite à correspondre
fidèlement à notre vocation, nous bénissait
et revenait avec nous en récitant le chapelet
ou quelqu'autre prière. Je n'oublierai jamais
quant à moi, ces scènes touchantes du
Tertre-Mérais, et combien de fois, il m'y a
donné ces bénédictions paternelles auxquelles j'attribue, aujourd'hui encore, le
bonheur de ma vocation et celui de toute ma
vie. » De retour à Derval, M. Orain y reprenait aussitôt ses occupations ordinaires, ou
bien, il courait visiter ses malades, et ainsi
sa vie s'écoulait pleine d'incessants labeurs
et d'intarissables mérites.

Pourrions-nous rappeler ici les vertus de
M. Orain, sans dire encore un mot de sa
charité pour le prochain? Sans doute, ce que
nous avons raconté de son ministère devrait
suffire. Qu'il nous soit, cependant, permis
d'ajouter à ce tableau quelques traits tirés
de la vie privée du saint prêtre. Il était
d'une politesse extrême; saluait presque
toujours le premier, même les enfants,
auxquels il apprenait ainsi à rendre ce
devoir aux personnes respectables. Cette leçon profitait à tous et contribuait à entretenir le respect et la confiance que lui
témoignaient les fidèles. — « Toutes les fois

que je rencontre mon curé, disait un homme
élevé par sa position et sa fortune, je suis
vivement impressionné et en même temps
tout confus, car je ne puis jamais le prévenir par le salut d'usage. »

Quoique très-avare de son temps, il
acceptait volontiers de se trouver dans les
réunions de ses confrères et dans celles
même des laïques, alors surtout qu'il y
voyait quelque bien à faire. Le maire d'une
commune voisine, qui se tenait systémati-
quement éloigné de l'église et des prêtres,
séduit néanmoins par la réputation du curé
de Derval, s'était laissé aller à dire qu'il
serait heureux de le recevoir à sa table,
mais que, probablement, M. le recteur ne
daignerait pas y consentir. Ce propos ayant
été rapporté à M. Orain : — « Dites à
M. le maire, répondit-il, que je n'ai jamais
refusé les politesses d'un homme aussi
bien élevé que lui. » L'invitation ne se fit
pas attendre. L'hôte et son convive demeurèrent longtemps ensemble, et, plus tard,
cette condescendance du curé de Derval, ne
fut pas inutile au salut de M. le maire.

Sa conversation était simple, pleine de
bonté, de douceur, et quelquefois assai-
sonnée de ces saillies spirituelles contre

lesquelles il se tenait en garde, par un sentiment d'humilité, mais dont on jouissait lorsqu'elles échappaient à la vivacité de son caractère. Non-seulement la médisance ne parut jamais sur ses lèvres, mais il ne pouvait la souffrir sur celles des autres, et lorsqu'elle se produisait en sa présence, il savait en amortir l'effet par quelqu'observation judicieuse, et propre à relever la réputation de la personne attaquée.

Nous avons déjà remarqué combien il aimait à rendre service à ses confrères, à ses écoliers et à ses paroissiens; mais nous devons ajouter qu'il avait une prédilection particulière pour les pauvres, en qui il voyait les membres de Jésus-Christ, ou plutôt Jésus-Christ même. Il les accueillait tous avec bonté, fussent-ils étrangers à sa paroisse. Comme il était pauvre lui-même et prudent dans l'exercice de sa charité, il réservait sa bourse pour des nécessités graves et certaines, et faisait, de préférence, ses autres aumônes en nature. Ainsi il donnait du pain, des vêtements, des chaussures aux indigents, du tabac et d'autres petites douceurs aux vieillards, etc... S'il n'avait pas autre chose à donner, il partageait volontiers sa propre nourri-

ture avec les pauvres ; ceci arrivait assez
souvent le dimanche, lorsqu'on lui apportait son repas à la sacristie. Si des indigents lui tendaient alors la main, il y mettait
la meilleure partie, quelquefois même, la
totalité de sa modeste ration. C'est alors
qu'il se contentait de quelques bouchées de
pain bénit. Il jeûnait habituellement, avons-
nous dit : cela n'empêchait pas ses nièces
de lui porter à déjeûner quand elles entendaient sa messe sonner de bonne heure. Il
ne les refusait pas, et elles croyaient qu'il
déjeûnait, au moins quelquefois. Mais il
n'en était rien. Le saint prêtre réservait
cette bonne fortune pour les pauvres qui
mendiaient à la porte de l'église ou dans
le bourg. S'il n'en rencontrait pas, il rap-
portait son pain à la cure.

Lorsqu'il allait en courses, il chargeait
toujours son sac de quelque morceau de
pain. C'était la part du pauvre. Plus d'une
fois même il lui arriva, à l'exemple du
grand saint Martin, de se dépouiller de ses
propres vêtements, pour couvrir les membres
de Jésus-Christ qu'il avait trouvés grelottants,
le long de la route ou sous le chaume
mal abrité. Sa charité ne cessait d'avoir
Dieu en vue. On vint lui dire, un jour, que

des pauvres auxquels il avait donné quelqu'argent, étaient à le boire dans un
cabaret : — « Ils sont plus à plaindre que
moi, répondit-il, c'est à Dieu même que
j'ai donné : il m'en saura le même gré. » A
plusieurs reprises, des ouvriers peu déli-
cats, abusèrent de sa confiance, en lui
faisant payer leurs travaux un prix exorbi-
tant et injuste; par le même sentiment de
charité, il s'opposa à ce qu'on les inquiétât,
et poussa le désintéressement et la délicatesse jusqu'à s'interdir à lui-même toute
réclamation.

Enfin, sa charité s'étendait jusqu'aux petits
oiseaux du ciel. Quelqu'un étant venu lui
dire, qu'ils dévoraient un petit champ de
blé-noir qu'il avait ensemencé pour son
usage, et qu'il avait tardé à moissonner :
— « Laissez-les faire, répondit-il, les
oiseaux sont les créatures du bon Dieu, et
comme il ne leur a donné ni champs ni
greniers particuliers, il faut bien qu'on les
nourrisse. »

Ce que nous avons dit de sa charité est
applicable à sa piété ; elle fut l'âme de tout
son ministère, et elle se réfléchit dans tous
les détails de sa vie privée. Allumée au flam-
beau de la foi et soigneusement entretenue

par la méditation des choses saintes, elle se manifesta en lui, d'abord, par l'esprit de prière. Levé longtemps avant le jour, il commençait par prier. Arrivé à l'église, il priait encore. En allant de l'église à la cure, dans ses courses, dans ses voyages, il priait toujours. Le soir, après avoir fait la prière en commun, et pendant que les autres prenaient leur repos, il prolongeait, et souvent fort longtemps, sa prière. On a dit avec raison, que sa vie fut une prière continuelle.

Le sentiment de la piété se traduisait encore, chez lui, par le respect qu'il portait aux choses saintes, telles que les croix des chemins, au pied desquelles il s'arrêtait ou qu'il saluait de loin de cœur et de bouche ; les églises dans lesquelles il entrait, alors même que l'adorable Sacrement n'y résidait pas, mais dont il venait honorer les anges gardiens ; celles où reposait le Sauveur, et la sienne en particulier, étaient, de sa part, l'objet d'une vénération spéciale. Il veillait à ce que celle-ci fût également respectée des autres. Combien de fois ne l'a-t-on pas vu en sortir, afin d'en éloigner les enfants qui jouaient autour d'elle, et troublaient par leurs cris bruyants la paix du sanctuaire ? Ayant su que des notables du bourg avaien

conçu le projet d'établir un champ de foire
sur la place de l'église, il en fut si profondément affligé que, le dimanche suivant, il
exposa, en chaire, l'inconvenance de cette
mesure, et s'en plaignit d'une manière si
touchante, que, le jour même, ceux qui
avaient conçu ce projet l'abandonnèrent,
autant par les motifs que leur avait déve-
loppés leur pasteur, que par déférence pour
le pieux pasteur lui-même. — « Nous ne
voudrions faire, dirent-ils, ni tant d'injure
à Dieu, ni tant de peine à notre bien-aimé
recteur. »

Même respect pour l'intérieur de son
église, et bien plus encore pour les ornements et les vases sacrés, par la raison
qu'ils servaient au saint Sacrifice, et qu'ils
touchaient au corps même du Sauveur. Un
prêtre, de ses élèves, rapporte qu'ayant,
un jour, laissé tomber, par mégarde, une
palle (linge qui couvre le calice), M. Orain,
si bon d'ailleurs à son égard, lui fit une ré-
primande sévère, et qu'il n'a point encore
oubliée.

Ses dévotions de prédilection avaient pour
objet son saint patron et celui de sa paroisse,
les Anges gardiens, la très-sainte Vierge,
et, pardessus tout, le Très-Saint Sacrement.

On le voyait passer des heures entières en adoration, en sa présence ; ou bien faire le chemin de la Croix, un crucifix à la main, et en méditant les mystères du Calvaire, dont Il retrouvait la frappante reproduction dans ceux de l'autel. Lorsqu'il partait pour ses courses, il ne manquait pas de venir adorer le Sauveur et, disait-il, prendre ses ordres. Au retour, il lui faisait également sa visite. Quand il allait voir ses confrères, dans les bourgs voisins, il commençait par entrer à l'église. Mais sa piété envers le Sauveur s'animait surtout, au saint sacrifice de la Messe. Bien qu'il en fît les cérémonies avec aisance et sans les prolonger outre mesure, il se manifestait en lui un respect si profond et une foi si vive, qu'il suffisait de le considérer pour se sentir pénétré des mêmes sentiments.

« Pendant son action de grâces (nous laissons encore parler un prêtre qui fut son élève), il se tenait d'ordinaire profondément incliné et comme absorbé dans le sentiment de l'adoration, et il ne quittait cette attitude que pour fixer amoureusement le Tabernacle, où daigne reposer, nuit et jour, l'Agneau immolé pour les hommes. Jamais, non plus, je n'oublierai l'expression de bonheur et de tendresse qui rayonnait sur son visage lorsqu'il assistait au salut du Saint-Sacrement. Ses yeux ne quittaient pas le Sauveur placé sur l'autel ; il y avait dans son regard un je ne sais quoi, dont je ne me rendais pas bien compte alors, et qui ne pouvait être qu'un reflet de cet amour divin, dont les anges et les saints se consument au ciel. »

En effet, si l'on vient à analyser cette belle âme, il est facile de reconnaître que l'amour de Dieu fut le principe le plus actif de toutes ses pensées, de tous ses actes, de toutes ses vertus, et principalement de ce zèle ardent qui le dévorait nuit et jour. Nous ne saurions rien ajouter de plus à ce sujet, si ce n'est la citation d'un de ses cantiques, qui n'est pas, il est vrai, de ses plus corrects et qui pèche en plus d'un endroit contre ce que M. Orain lui-même appelle la belle poésie, mais tel qu'il est, il révèle admirablement les mouvements les plus habituels et les plus intimes de son cœur. C'est une extase. Il est transporté aux cieux. Il voit Dieu et les saints qui le louent ; leur exemple l'entraîne, il veut le louer avec eux. Mais un ange l'arrête, le fait rentrer dans l'humilité et le renvoie sur la terre, où il s'en va prêchant de toutes ses forces le divin amour.

« Un jour, méditant à loisir
» Quel est le céleste plaisir
   » Et quelle est l'excellence
» Des biens dont Dieu lui-même, aux cieux,
» Inonde tous les Bienheureux,
   » Avec magnificence?
» Je vis tous les Saints qui chantaient
» Et qui sans cesse répétaient :
» Dieu! Dieu! Dieu! je n'aime que Dieu !
   » Il est ma récompense !

» Au-dessus d'eux, les Chérubins
» Formaient avec les Séraphins
   » Un cortége admirable.
» Leur concert était si charmant,
» Que je goûtais, en ce moment,
   » Une joie ineffable.
» Eux aussi répétaient sans fin
» Cet hymne de l'amour divin :
» Dieu! Dieu! Dieu! je ne veux que Dieu,
   » Et sa douceur aimable !

» Au milieu des célestes chœurs,
» Au sein des divines splendeurs,
  » Tressaillant d'allégresse,
» J'aperçus la Reine des cieux,
» Qui jetait sur les Bienheureux
  » Un regard de tendresse,
» Disant : Bénissons le Seigneur ;
» A lui seul la gloire et l'honneur.
» Dieu ! Dieu ! Dieu ! ne cherchons que Dieu ;
  » Il est notre richesse !

» Je voulus chanter à mon tour
» Et rester dans ce beau séjour
  » Qu'habite l'innocence ;
» Mais je vis l'Ange du Seigneur,
» Qui me dit : Que fais-tu, pécheur?
  » Va faire pénitence !
» Si tu restes fidèle à Dieu,
» Tu viendras chanter en ce lieu :
» Dieu ! Dieu ! Dieu ! je n'aime que Dieu !
  » Mon bonheur est immense !

» En voyant tous ces Bienheureux,
» Je suis brûlant d'amour comme eux,
  » Pour la beauté suprême.
» Transporté d'une sainte ardeur,

» Je veux aller plein de ferveur,
  » Et m'oubliant moi-même,
» Crier partout : O charité !
» Le monde n'est que vanité !
» Dieu ! Dieu ! Dieu ! je ne veux que Dieu !
  » C'est le seul bien que j'aime !

» Si, sortant de ses noirs cachots,
» Satan oppose ses complots
  » Au zèle qui m'inspire,
» Sans crainte, je résisterai,
» Et, par le Seigneur, je vaincrai.
  » Le monde aura beau dire,
» J'irai prêcher le saint amour,
» Et je chanterai nuit et jour :
» Dieu ! Dieu ! Dieu ! je n'aime que Dieu !
  » Vive son saint empire ! »

Nul doute que ce cantique commencé sur la terre, le pieux prêtre ne soit allé l'achever au ciel, et que, cette fois, les anges ne l'aient admis volontiers à leurs concerts. On dit même qu'ici-bas, son tombeau est devenu glorieux, et que, plus d'une fois, il en est sorti de ces vertus merveilleuses qui commandent aux maladies. Nous devons déclarer, quant à nous, que n'ayant pas eu mission d'examiner une question si sérieuse, nous n'avons fait à cet égard aucune enquête, et nous n'en parlons que pour être l'écho fidèle d'un bruit qui honore le serviteur de Dieu. L'unique but que nous nous soyons proposé a été de raconter avec simplicité ce qui nous a été appris de la vie d'un prêtre éminent par les vertus qui font les saints, alors même qu'il ne plaît pas à Dieu de leur accorder le don des miracles. C'est dans ce sens que nous avons constamment parlé, et c'est sous cette même réserve que nous terminerons cet ouvrage, en citant quelques-unes des paroles par lesquelles les prêtres respectables qui ont connu M. Orain, et qui ont bien voulu nous aider de leurs renseignements, expriment leur opinion personnelle sur leur vénérable maître.

Voici ce que dit l'un des plus jeunes d'entre eux. — « J'ai connu M. Grégoire Orain pendant les sept dernières années de sa vie. Je l'ai vu habituellement et de très-près, soit à l'église, soit à la maison curiale, soit dans ses courses. En appro-

chant de cet homme, j'éprouvais, comme
tout le monde, un sentiment de vénération
dont je ne me rendais pas compte, mais
que je subissais. Tout ce que j'ai vu et
entendu de lui m'est resté profondement
gravé dans l'esprit ; et en analysant aujour-
d'hui tous ces faits, je me demande quelle
est la vertu chrétienne, quelle est la vertu
sacerdotale . qui manquait à ce saint
prêtre ?

« Les détails que je viens de rapporter
(c'est un second témoin qui parle) sont
authentiques. Les uns m'ont été fournis par
M. Orain lui-même ; j'ai été personnellement témoin des autres. Je regrette que
ma mémoire ne puisse me rappeler tout ce
que j'ai vu d'édifiant et d'instructif dans la
vie de cet homme de Dieu. Lorsque je vivais
avec lui , j'étais encore trop jeune pour
apprécier tout le mérite de ses vertus ;
mais, dès lors, j'en étais vivement frappé,
et, depuis, ce que j'ai appris en lisant la vie
des Saints , ne m'étonne plus , après avoir
vu et connu la vie si exemplaire de mon
vénéré bienfaiteur. Son souvenir ne s'effa-
cera jamais de ma mémoire. On m'a rapporté que plusieurs personnes, convaincues
de sa sainteté, ont prié sur sa tombe, et ont

obtenu, par sa médiation, des faveurs extraordinaires. »

« Voilà, Monseigneur, dit un troisième
(les Notices de ces Messieurs étaient adres-
sées à Monseigneur l'évêque de Nantes),
quelle fut la vie de M. Orain, pendant les
longues années de son sacerdoce à Derval,
ou plutôt ce que j'en ai connu par moi-
même ou par d'autres. Son âme vivait en
Dieu, pendant que son corps se consumait
dans les travaux incessants que lui inspirait
son zèle. Il est certainement peu de prêtres,
même parmi les plus saints, dont la vie ait
été mieux remplie que ne l'a été la sienne;
qui ait procuré autant de gloire à Dieu et
servi aussi avantageusement la cause de la
religion et les intérêts de l'Eglise. En deux
mots, M. Orain était un saint dans l'opinion
de tout le monde, excepté dans la sienne.
On dit que, depuis sa mort, plusieurs personnes sont allées l'invoquer sur son tombeau, pour cause de maladie, et ont été
subitement guéries par son intercession.»

» Partout où l'on voyait M. Orain (c'est un
quatrième qui parle), en conversation, en
chaire, à l'autel, dans l'administration des
Sacrements, on était forcé de dire : —
« Voilà un homme de Dieu ; voilà un

saint. » C'était l'opinion qu'en avaient non-
seulement ses confrères, mais encore les
gens du monde. M. X..., homme d'un esprit supérieur et honoré d'emplois importants, mais critique très-sévère, était rempli
de vénération pour lui. C'était peut-être le
seul prêtre qui fut de son goût. Les impies
eux-mêmes et les libertins lui rendaient justice et subissaient le prestige de sa sainteté.
Quelle humilité profonde dans cet homme !
Quelle mortification, quel dévouement, quel
zèle, quel amour de Dieu et des hommes !
Je n'en finirais pas si je voulais énumérer
toutes ses qualités, ses vertus et tout ce qu'il
a fait de bien pendant sa carrière sacerdotale. Aussi sa mémoire est-elle vivante à
Derval et dans les paroisses qu'il a évangé-
lisées, comme s'il venait de mourir. Plusieurs
prêtres qui ont travaillé dans ces contrées,
lui attribuent l'esprit de foi, de religion et
le respect pour le clergé, qui y règne.

» Sa mort, comme sa vie, a été des plus
édifiantes. Sur son lit de douleur, on voyait
le juste tremblant à la pensée des jugements
de Dieu, mais attendant de sa bonté le
bonheur du ciel et la récompense qu'il avait
si bien méritée. »

Enfin, voici un témoignage qui résume

tous les autres : « Dans le but de procurer des prêtres au diocèse, M. Orain a donné l'éducation à un grand nombre d'enfants. Tous n'avaient pas la vocation ecclésiastique ou n'y ont pas répondu. Ils ont pris dans le monde des positions et des opinions diverses ; mais il n'en est pas qui ne rendent hommage à la vertu de leur maître et ne publient ses louanges.

» Quant aux prêtres, ses enfants spirituels, tous disent qu'ils voudraient lui ressembler, et qu'ils ne croient pouvoir faire mieux que de retracer ses vertus dans leurs personnes, autant que cela leur est possible.

» Les habitants de Derval le regardent comme un saint. Dans leurs souffrances et leurs maladies, ils s'adressent à lui comme à un puissant intercesseur auprès de Dieu ; on parle même de guérisons extraordinaires.

» Tous, nous le considérons comme un père. Il l'a été par sa bonté pour nous quand il vivait sur la terre ; nous croyons qu'il continue de l'être encore au ciel, par ses prières et ses mérites. Nos vœux et notre espoir sont que nous l'y reverrons un jour, et que nous pourrons encore lui donner ce nom qui nous est si cher. »

Nous ne multiplierons pas ces glorieux témoignages, chose qui nous serait cependant facile; mais nous terminerons en disant qu'aux paroles les anciens élèves de M. Orain ont joint les actes. Leur vénération pour le saint prêtre augmentant, avec le temps, au lieu de s'affaiblir, ils ont conçu le projet d'élever sur sa tombe un monument simple, mais digne de ses vertus. Secondés par le respectable recteur actuel de Derval, qui se plaît à honorer son vertueux précécesseur et par là s'honore lui-même, ils ont déjà pu mettre la main à l'œuvre et, bientôt, nous l'espérons, à ces paroles de l'apôtre, que nous croyons pouvoir mettre dans la bouche du serviteur de Dieu : *J'ai combattu le bon combat ; j'ai consommé ma course ; j'ai conservé la foi ; c'est pourquoi le juste Juge m'a décerné la couronne de justice,* » ceux qui passeront devant ce monument pourront ajouter en le montrant : « *C'est ainsi que Dieu bénit, même en ce monde, l'homme qui le craint, qui le sert et qui l'aime :* QU'IL EN SOIT BÉNI LUI-MÊME, ET QU'A LUI REMONTE TOUT HONNEUR ET TOUTE GLOIRE ! »

FIN.

TABLE

—

Nantes, Imp. Félix Masseaux.

www.ingramcontent.com/pod-product-compliance
Lightning Source LLC
Chambersburg PA
CBHW061007220326
41599CB00023B/3864